AF573359

Herbert Konrad

Phytotherapie in der Pferdepraxis

Für die **Kitteltasche**

Herbert Konrad

Phytotherapie in der Pferdepraxis

Dr. med. vet. Herbert Konrad, Rimpar

Mit 57 Tabellen

WVG Wissenschaftliche Verlagsgesellschaft Stuttgart

Zuschriften an

lektorat@dav-medien.de

Anschriften des Autors

Dr. med. vet. Herbert Konrad
Biologische Tiermedizin, Akupunktur, Osteopathie
Aussiedlerhöfe 11
97222 Rimpar

dr.h.konrad@online.de

Alle Angaben in diesem Buch wurden sorgfältig geprüft. Dennoch können der Autor und der Verlag keine Gewähr für die Richtigkeit der Angaben übernehmen.
Ein Markenzeichen kann markenrechtlich geschützt sein, auch wenn ein Hinweis auf etwa bestehende Schutzrechte fehlt.
Bibliografische Information der Deutschen Nationalbibliothek
Die Deutsche Nationalbibliothek verzeichnet diese Publikation in der Deutschen Nationalbibliografie, detaillierte bibliografische Daten sind im Internet über https://portal.dnb.de abrufbar.
Jede Verwertung des Werkes außerhalb der Grenzen des Urheberrechtsgesetzes ist unzulässig und strafbar. Dies gilt insbesondere für Übersetzung, Nachdruck, Mikroverfilmung oder vergleichbare Verfahren sowie für die Speicherung in Datenverarbeitungsanlagen.

1. Auflage 2022
ISBN 978-3-8047-4261-1 (Print)
ISBN 978-3-8047-4301-4 (E-Book, PDF)
© 2022 Wissenschaftliche Verlagsgesellschaft mbH
Birkenwaldstraße 44, 70191 Stuttgart
www.wissenschaftliche-verlagsgesellschaft.de

Printed in Germany
Satz: abavo, Buchloe
Druck: Eberl & Koesel, Krugzell
Umschlaggestaltung: deblik, Berlin

Vorwort

Ich weiß, Vorworte in Büchern werden eigentlich selten gelesen. Trotzdem möchte ich zu Anfang einige Gedanken loswerden. „Wann schreibst Du endlich ein Buch über das, was Du uns da alles erzählst?" Diesen Satz musste ich mir sehr oft am Ende meiner Referate auf den verschiedensten Fortbildungsveranstaltungen anhören. Aber das Bücherschreiben ist leichter gesagt als getan. Besonders dann, wenn eine umfangreiche Kleintier- und Pferdepraxis und dann auch noch eine Naturheilklinik für Pferde mit richtig viel Arbeit auf dich warten. 16 Stunden Tage waren keine Seltenheit. Ich glaube, es ist nachvollziehbar, dass da keine Zeit mehr ist, zusätzlich zur Verwaltungsarbeit, Zeit am Schreibtisch mit Bücherschreiben zu verbringen. Jetzt jedoch, nach Übergabe meiner Praxis und als Ruheständler, habe ich endlich die Zeit, meine Erfahrungen aufzuschreiben. Lange habe ich überlegt, wie ich es anfangen soll. Auf dem Markt sind sehr viele Bücher über ganzheitliche Medizin. Viele sind von Laien für Laien geschrieben, auch einige hochwissenschaftlich aufgemachte Werke existieren, die weniger für den Praxisalltag bestimmt sind. Mit dem vorliegenden Werk möchte ich eine Kombination aus dem notwendigen theoretischen Hintergrund und der praktischen Umsetzbarkeit schaffen. Mein Ziel ist, dass sowohl ausgebildete Therapeuten als auch Pferdebesitzer von den Erkenntnissen profitieren können.

Rimpar, im Herbst 2021 — Herbert Konrad

Inhaltsverzeichnis

TEIL 3 ANWENDUNG IN DER PRAXIS

TEIL 4 INDIKATIONEN

TEIL 5 GLOSSAR

Teil 1
Einführung

1 Was ist Phytotherapie?

1.1 Definition

Der französische Arzt Henri Leclerc (1870–1955) führte 1922 den Begriff der Phytotherapie ein. Bis in seine Zeit sprach man, etwas abwertend, von der Kräutermedizin. Obwohl das Behandeln mit Kräutern seit der Steinzeit bekannt war, therapierten die damaligen Ärzte lieber mit Aderlass und Purgation. Die Kräutermedizin wurde hauptsächlich von Laien angewendet. Da 1803 die meisten Klöster aufgelöst wurden, war auch das Wissen der sogenannten Klostermedizin weitestgehend verloren gegangen. Leclerc jedoch stellte die Therapie mit Kräutern und Naturstoffen auf eine wissenschaftliche Grundlage. So fand die Phytotherapie Eingang in die moderne Medizin. 1942 veröffentlichte R. F. Weiss sein mittlerweile in der 13. Auflage erschienenes „Lehrbuch Phytotherapie". Dieses Werk und das Buch „Leitfaden Phytotherapie" von Heinz Schilcher (5. Aufl. 2016) sind die beiden Klassiker der Phytotherapie und sollten beim interessierten Therapeuten nicht im Bücherschrank fehlen.
Die 1971 in Köln gegründete Gesellschaft für Phytotherapie e. V. definiert die Phytotherapie folgendermaßen:

> „Phytotherapie ist die Heilung, Linderung und Vorbeugung von Krankheiten und Beschwerden durch Arzneipflanzen oder deren Teile (wie z. B. Blüten, Wurzeln, Blätter) oder Bestandteile (z. B. ätherische Öle) oder durch Zubereitungen aus Arzneipflanzen (z. B. Trockenextrakte, Tinkturen, Presssäfte). Solche arzneilichen Produkte aus Arzneipflanzen werden Phytopharmaka genannt. Die Sicherung ihrer Qualität, Sicherheit und Wirksamkeit wird durch das Arzneimittelgesetz (AMG) geregelt. Die moderne Phytotherapie ist Teil der wissenschaftlich orientierten Medizin. Dabei folgt sie denselben naturwissenschaftlichen, kausalen und symptomatischen Therapieprinzipien wie die wissenschaftlich orientierte Medizin und steht dabei auch im Kontext klassischer Naturheilverfahren. Die Gesellschaft für Phytotherapie betrachtet die Phytotherapie als integralen Bestandteil medizinischer Therapiekonzepte. Vor allem bei der Behandlung nicht akut lebensbedrohlicher Erkrankungen,

z. B. Erkältungskrankheiten und Magen-Darm-Krankheiten, können phytotherapeutische Präparate Mittel der Wahl bzw. eine wirksame und nebenwirkungsarme Alternative oder Ergänzung zu chemisch definierten Arzneimitteln sein."

Das heißt im Klartext für uns:

- Phytotherapeutika sind Arzneimittel. Anders als bei der Homöopathie muss ganz streng die Dosis-Wirkungs-Kurve beachtet werden. Eine Dosierungsangabe, wie in vielen Büchern zu lesen, zum Beispiel für ein Pferd 5–30 Gramm, ist äußerst ungenau. Es gibt Pferde mit 400 kg und Pferde mit 700 kg. Entweder wir vergiften unseren Patienten, oder es ist kein therapeutischer Effekt zu erwarten.
- Moderne Phytotherapie ist keine Alternativmedizin. Per Gesetz gehört sie zwar zu den besonderen Therapierichtungen (§ 25 Abs. 7 AMG 76), ist aber ein Teil der heutigen wissenschaftlich orientierten Schulmedizin. Bei der Anwendung von Phytotherapeutika müssen also auch immer die gesetzlichen Bestimmungen beachtet werden. Nachdem sich der Gesetzgeber ständig neue Dinge einfallen lässt, ist es enorm wichtig, sich vor dem Einsatz oder gar Vertrieb von Phytotherapeutika mit den gültigen Rechtsvorschriften auseinanderzusetzen.
- In ihrer Definition weist die „Gesellschaft für Phytotherapie" ausdrücklich darauf hin, dass Phytotherapeutika vor allem bei der Behandlung nicht akut lebensbedrohlicher Erkrankungen wertvolle Hilfe leisten und im Gegensatz zu chemisch definierten Arzneimitteln eine wirksame und zugleich nebenwirkungsarme Therapie sein können. Das bedeutet aber auch: Ein mit schwerer Kolik erkranktes Pferd oder ein Patient mit einem allergischen Schock muss von der Schulmedizin lege artis behandelt werden. Zu viele Patienten wurden von suboptimal ausgebildeten Therapeuten auf dem Altar der Alternativmedizin geopfert.

Gleichwohl ist die Behandlung mit Kräutern in letzter Zeit sehr modern geworden. Im Zeitalter des Internets kann der Tierbesitzer fast alles online bestellen. Die Angebote bewegen sich oft knapp am Rande der

Legalität und viele Kräutermischungen haben eine abenteuerliche Zusammensetzung. Zudem weiß niemand, ob die enthaltenen Kräuter auch genügend Inhaltsstoffe haben und in der notwendigen Dosierung verabreicht werden sollen. Die Vermutung liegt nahe, dass bei vielen angebotenen Mischungen aus Kostengründen keine Komponenten mit Apothekerqualität verkauft werden. Aber viele Händler minimieren das Risiko, indem sie die Mischungen als Ergänzungsfuttermittel deklarieren und Dosierungsangaben verwenden, die meistens keinen therapeutischen Effekt erwarten lassen. Die Nutzlosigkeit vieler angebotener Kräutermischungen ist für den Laien meist nicht erkennbar. Oft sind den angebotenen Mischungen noch Mineralstoffe und Vitamine zugesetzt. Da mittlerweile fast jedes Pferd zusätzlich Mineralfutter bekommt, müsste dieser Anteil in der Ration dann wieder abgezogen werden. Eine Überversorgung ist genauso schädlich wie eine Unterversorgung. Ich bin mir sicher, jede Pferdebesitzerin und jeder Pferdebesitzer will für das Pferd etwas Gutes tun und das Tier optimal versorgen, aber ab und zu sollte der Verstand sprechen und nicht nur das Herz. Wenn schon Geld ausgegeben wird für den vierbeinigen Liebling, dann sollte auch ein erkennbarer Nutzen daraus entstehen.

1.2 Was wirkt bei der Phytotherapie?

Um zu verstehen, warum Arzneimittel aus Pflanzen überhaupt wirken, ist ein Ausflug in die Pflanzenphysiologie unverzichtbar. Pflanzen sind eigentlich das Hauptnahrungsmittel des Homo sapiens. Sie versorgen uns mit Ballaststoffen, Eiweiß, Kohlenhydraten und Fetten oder Ölen. Die Pflanze produziert diese Stoffe für den eigenen Energiestoffwechsel. Sie baut damit neue Pflanzenzellen auf, die zum Wachstum und zu ihrer Fortpflanzung dienen (Früchte, Samen wie z.B. Getreidekörner oder Nüsse.) Diese von den Herbivoren und den Menschen hauptsächlich genutzten Produkte werden primäre Pflanzenstoffe genannt.

Unsere Pflanzen leben aber nicht nur in einer heilen Welt. Nicht erst seit der massiven Umweltverschmutzung müssen sie sich in ihrer Umwelt behaupten. Deshalb haben die Pflanzen Abwehrmechanismen gegen Fressfeinde, bakterielle, virale und Pilzerkrankungen entwickelt. Sogar gegen zu viel UV-Licht produzieren die Pflanzen Schutzmechanismen.

Für die Verbreitung und den Erhalt der Art dienen der Pflanze von ihr gebildete Lockstoffe, seien es Pollen, Nektar oder besonders gut schmeckende Früchte, mit denen die Samen eingepackt sind. Im Unterschied zu den primären Pflanzenstoffen sind diese Stoffe für die Pflanze nicht lebensnotwendig.

Die Abwehrstoffe wirken mikrozid, fungizid und sind meistens für Fressfeinde nicht sehr gut verträglich oder sogar giftig. Diese Inhaltsstoffe werden im sogenannten Sekundärstoffwechsel produziert und sekundäre Pflanzen(inhalts)stoffe genannt. Das sind die Pflanzenbestandteile, die in unserer „Kräutermedizin" wirken. Die moderne Phytotherapie hat viele derartige Naturstoffe isoliert und als Einzelmittel angewendet oder im Chemielabor nachgebaut. Viele synthetische Arzneimittel haben ihren Ursprung in den sekundären Pflanzenstoffen.

In der praktischen Phytotherapie verwenden wir aber keine Einzelwirkstoffe. Am wichtigsten sind die „Hauptwirkstoffe" oder Effektoren. Nur sie allein sind für die klinische Wirkung verantwortlich. Nebenwirkstoffe sind wirksamkeitsmitbestimmend und können einen Beitrag zur Wirkung leisten. Begleitstoffe sind an der Wirkung nicht beteiligt, beeinflussen aber die Pharmakokinetik. Das heißt, die Begleitstoffe können im Organismus sowohl positive als auch, in seltenen Fällen, negative Effekte auslösen. Negative Effekte zeigen sich manchmal in nicht ausreichender Wirksamkeit oder in Nebenwirkungen (unerwünschte Arzneimittelwirkungen = UAW). Bei richtiger Anwendung sind im Gegensatz zu chemischen Arzneimitteln die Risiken von Nebenwirkungen vergleichsweise gering. Sollten doch einmal unerwünschte Arzneimittelwirkungen oder gar kein gesundheitsfördernder Effekt auftreten, so liegt dies meistens an der Verwendung von qualitativ minderwertigen Substanzen, an falschen Dosierungen, falscher Anwendungsdauer, oder an Überschätzung der Wirksamkeit im Einzelfall. Beachtet werden muss aber in jedem Fall die Interaktion von verschiedenen Arzneistoffen. Es kann Wechselwirkungen zwischen chemischen und natürlichen Arzneistoffen geben. Als Beispiel nenne ich Pferde, die mit Aspirin® vorbehandelt waren und dann Ginkgo folium bekamen. In meiner Naturheilklinik ist es einige Male passiert, dass die Patienten anfangs mit Nasenbluten reagierten. Die Symptomatik verschwand nach 1–2 Tagen. Wahrscheinlich hat das Aspirin® dann nicht mehr gewirkt.

1.3 Wie ist das mit Fertigmischungen?

Von zahlreichen „Wildkräuterexperten“ oder „Heilpflanzenspezialisten“ werden Fertigmischungen auf den Markt gebracht, die weder in ihrer Zusammensetzung noch in den Dosierungsempfehlungen den Regeln der Phytotherapie entsprechen. Diese Präparate zeigen leider oft keinen therapeutischen Effekt und schaden dem Ruf der Phytotherapie.

Hersteller von offiziell zugelassenen Phytotherapeutika sehen es natürlich auch nicht gern, wenn der Pferdebesitzer oder der Therapeut selbst mit einzelnen qualitativ hochwertigen Kräutern behandelt. Da geht es ganz einfach ums Geschäft und um das Geschäft mit der Angst. Deshalb warnt die Industrie oft vor medizinischen Risiken und sogar vor juristischen Konsequenzen. Aber nach derzeitigem Stand ist es dem Tierarzt erlaubt, aufgrund seines Dispensierrechtes aus frei verkäuflichen Drogen Mischungen herzustellen. Tierheilpraktiker dürfen die Einzelkomponenten nicht zusammenmischen, müssen also die einzelnen Komponenten abgeben. Zuvor brauchen sie außerdem einen entsprechenden Lehrgang, der bei der zuständigen Industrie- und Handelskammer zu absolvieren ist. Dies ist der derzeitige Stand. Dennoch noch einmal der Hinweis: Informieren Sie sich bitte vor der Anwendung beim Patienten über die neuesten gesetzlichen Bestimmungen.

In der europäischen Phytotherapie werden mehrere Hundert verschiedene Arzneipflanzen genutzt. Die meisten, ca. 50 %, stammen aus Wildsammlungen. 40 % stammen aus – hoffentlich – kontrolliert ökologischem Landbau. Der Bedarf könnte sonst nicht gedeckt werden. 10 % stammen sowohl aus Wildsammlungen, als auch aus Pflanzenkulturen (Schilcher, 2016). Die Aufbereitung der Frischpflanzen zum Pharmakon ist nicht einfach. Es beginnt schon mit dem richtigen Erntezeitpunkt. Jahreszeit, Tageszeit und Pflanzenentwicklung spielen dabei eine große Rolle. Wichtig ist auch die Weiterverarbeitung. Die schonende Trocknung erfordert je nach Pflanze Temperaturen zwischen 40 und 80 Grad Celsius. Die anschließend wichtige trockene, kühle und lichtgeschützte Lagerung, um eine Verkeimung zu verhindern, erfordert ein äußerst professionelles Vorgehen.

Es ist modern geworden, im eigenen Garten in der Kräuterspirale oder im Kräuterbeet Heilpflanzen anzubauen. Die Pflanzen sind sehr schön anzusehen und in Blüte eine tolle Bienenweide und Nahrungsquelle für andere Insekten. Von einer Weiterverarbeitung muss ich aber, von wenigen Ausnahmen (Johanniskrautöl, Ringelblumensalbe) abgesehen, abraten. Zunächst wissen wir nicht, ob es wirklich die Originalpflanze mit den höchsten Inhaltsstoffen oder eine Neuzüchtung für den Garten ist. Der Wirkstoffgehalt ist also vollkommen unbekannt. Die Weiterverarbeitung in Form einer erfolgreichen Trocknung und Aufbewahrung ist eine weitere Herausforderung, die meistens nicht gelingt. Ich persönlich habe es nach vielen vergeblichen Versuchen entnervt aufgegeben. Es werden im seriösen Handel viele Kräuter mit Arzneibuchqualität und definierten Wirkstoffgehalten angeboten. Wenn wir auf diese zurückgreifen, sind wir auf der sicheren Seite.

2 Drogen und Darreichungsformen

2.1 Was sind denn nun Drogen?

Kommen wir jetzt zum eigentlichen Thema des Buches. Was sind denn überhaupt Drogen? Der Normalbürger verbindet mit dem Begriff Drogen zumeist illegale Betäubungsmittel. Nicht umsonst spricht man ja von der Drogenszene. Aber hier geht es um eine andere Bedeutung. Laut Duden ist eine Droge ein pflanzlicher, tierischer oder mineralischer Rohstoff für Heilmittel, Stimulanzien oder Gewürze. In der Pharmazie spricht man von Drogen, wenn es um Substanzen von Pflanzen, Pilzen, Tieren oder Mikroorganismen zur Herstellung von Arzneimitteln geht. Gewöhnlich werden sie durch Trocknung haltbar gemacht. Da außer den modern gewordenen Medizinalpilzen fast keine tierischen oder aus Mikroorganismen stammenden Substanzen verwendet werden, wird der Begriff Droge inzwischen nur noch für Substanzen pflanzlichen Ursprungs verwendet. Die Kräutersubstanzen, um die es im Folgenden geht, werden also als Drogen bezeichnet.

2.2 Welche Darreichungsformen gibt es?

In der Pferdepraxis gibt es mehrere Möglichkeiten, den Patienten mit Drogen zu behandeln. An erster Stelle steht das Füttern von Frischpflanzen. Es wird immer wieder geschrieben, Pferde und Esel würden sich gezielt Heilkräuter suchen, um ihr gesundheitliches Problem zu lösen. Obwohl auf meinen Biokoppeln sehr viele Heilkräuter stehen, konnte ich dieses Verhalten nie beobachten. Jeden Morgen vor dem Füttern einige Stängel Beifußkraut (Artemisia vulgaris) als Aperitif wurden jedoch sehr gerne angenommen. Als gewachsene Pflanze auf der Koppel wurde er hingegen verschmäht. Man kann von den Frischpflanzen ohnehin keine gesicherte Wirkung erwarten, da weder der Gehalt an Trockensubstanz noch der Gehalt an Inhaltsstoffen oder eine eventuelle Schadstoffbelastung bekannt sind.

Häufig werden Pferde mit Tees behandelt. Je nach Droge werden pro Liter Wasser 30–50 Gramm getrocknete Droge gebraucht. Für Aufgüsse aus Frischpflanzen braucht man je nach Wassergehalt der Pflanze entsprechend mehr. Die Droge wird mit heißem, nicht mehr kochendem

Wasser übergossen und abgedeckt 10 Minuten ziehen lassen. Das am Deckel befindliche Kondenswasser sollte unbedingt wieder ins Gefäß zurückgeschüttet werden. Gerade bei Drogen mit ätherischen Ölen schlagen sich diese am Deckel nieder. Das Gefäß muss aus lebensmittelechtem Material sein. Der Eimer aus dem Haushalt, oder gar aus dem Baumarkt, hat da nichts zu suchen. Die gesundheitsschädlichen Inhalte der Kunststoffe werden herausgelöst und können Schäden an Leber und Niere verursachen. Um die Akzeptanz zu erhöhen – nicht jedes Pferd ist von Kamillentee begeistert – kann man den Tee mit Honig attraktiver gestalten. Bewährt hat sich auch eine Handvoll ganzer Haferkörner auf der Oberfläche.

Am meisten werden in der Pferdepraxis jedoch Drogenmischungen verwendet. Auf dem Markt sind gemahlene oder zu Pellets gepresste Pulver und Ganzdrogen in den verschiedensten Zerkleinerungsgraden erhältlich. Bei grob geschnittenen Drogen ist das Schüttgewicht sehr hoch. Um eine ausreichende Dosierung zu erlangen, ist die Drogengabe dann natürlich entsprechend voluminös. Man sollte deshalb am besten klein geschnittene (pharmazeutisch: concis.) Drogen verwenden. Von der Verabreichung her (kleines Volumen) eignen sich am besten pulverisierte Drogen. Diese haben allerdings den Nachteil, dass die wirksamen Inhaltsstoffe schneller abgebaut werden. Somit haben sie nur eine begrenzte Haltbarkeit.

Eine wichtige Therapieform bei Atemwegserkrankungen ist die Inhalation. Geräte dafür sind in fast allen Preislagen auf dem Markt. Meiner Ansicht nach haben sich die Ultraschallvernebler am meisten bewährt. Die Teilchengröße der Nebeltröpfchen ist so klein, dass auch die kleinsten Alveolen der Lunge erreicht werden.

Die Inhalationstherapie selbst hat jedoch auch ihre Tücken. Die Pferde müssen langsam an das Atmen durch die Maske gewöhnt werden. Nach der Anwendung müssen alle verwendeten Teile gründlich gereinigt und desinfiziert werden. Nach dem Einwirken muss das Desinfektionsmittel gründlich abgespült werden, sonst atmet der Patient bei der nächsten Behandlung das Desinfektionsmittel ein.

Inhaliert wird mit physiologischer Kochsalzlösung und einigen Tropfen ätherischem Öl (8 Tropfen auf 1 Liter Kochsalzlösung 0,9 %). Hier ist weniger mehr. Vielen Pferden wurden die Nasenschleimhäute verätzt, weil das falsche Öl verwendet wurde oder das Inhalat zu konzentriert war. Nach Prof. Heinz Schilcher ist beim Menschen bei Asthma bronchiale und Keuchhusten die Inhalation kontraindiziert. Die bei den Pferden vergleichbare Krankheit COB (RAO) mit nahezu gleicher Symptomatik gebietet bei diesen Krankeitsbildern eine enorme Sorgfalt. Eine Inhalation kann hier mehr schaden als nutzen. Bei einer schleimigen Bronchitis jedoch ist diese Behandlung meist erfolgreich.

Seit es eine Unmenge von Präparaten zum Einreiben gibt, ist der Breiumschlag (medizinisch: Kataplasma) fast in Vergessenheit geraten. Dafür werden bestimmte Drogen entweder mit Wasser verrührt, oder nach einer moderneren Methode 400 Gramm 70%iger Alkohol mit 600 Gramm Frischpflanze im Haushaltsmixer püriert. Dieser Brei wird dann ca. 2 cm dick auf die zu behandelnde Stelle (Sehne, Gelenk, Lymphknoten) gestrichen, mit einem Lein- oder Baumwolltuch abgedeckt und mit Wollbandagen fixiert. In den ersten 2 Stunden unbedingt die Reaktion beobachten. Sollte die Gliedmaße anschwellen (falsch gewickelt), oder eine allergische Reaktion auftreten, so ist der Verband sofort zu entfernen und der Brei mit kaltem Wasser abzuwaschen. Treten keine Nebenwirkungen auf, so sollte der Umschlag in der Regel alle 12 Stunden erneuert werden. Die besten Ergebnisse habe ich erzielt, wenn vor dem neuen Verband die Gliedmaße gründlich mit kaltem Wasser abgewaschen und dann richtig trocken gerieben wurde.

3 Einteilung der Drogen

3.1 Phytotherapie

In der westlichen Phytotherapie werden die Drogen nach ihren Inhaltsstoffen in verschiedene Wirkstoffklassen eingeteilt.

Einteilung nach Wirkstoffklassen

Drogen mit

- Alkaloiden
- ätherischen Ölen
- Bitterstoffen
- Gerbstoffen
- Flavonoiden
- Senfölen
- Glykosiden
  - Phenolen
  - Flavonen
  - Saponinen
  - Anthracen

und

- herzwirksame Drogen

3.2 Traditionelle Chinesische Veterinärmedizin (TCVM)

Anders sieht es in der Traditionellen Chinesischen Veterinärmedizin (TCVM) aus.

Da viele Therapeuten mittlerweile die Akupunktur als eine elegante, wirksame und auch gewinnbringende Methode in der Tiermedizin entdeckt haben, möchte ich darauf eingehen.

Es war ein chinesischer Akupunkturarzt, der mich vor langer Zeit dazu gebracht hat, mich intensiver mit der Phytotherapie zu beschäftigen. Seine Ansicht war, dass eine erfolgreiche Behandlung mit Akupunktur ohne phytotherapeutische Begleitung wenig erfolgversprechend sei. Er verglich es mit einem Auto (damals konnte man noch selbst etwas daran reparieren). „Du kannst an deinem Auto die Ventile, die Zündung, die Kraftstoffzufuhr und sonstige Dinge einstellen. Das ist die energetische Ebene, meine Akupunkturnadeln. Aber ohne Benzin im Tank, das ist die körperliche Ebene in Form von Drogen, wird dein Auto nicht fahren". Ich muss gestehen, nach diesem Gespräch bin ich sehr nachdenklich nach Hause gefahren und habe danach begonnen, die Grundkenntnisse in Phytotherapie aus der Ausbildung zur Zusatzbezeichnung Biologische Tiermedizin weiter auszubauen und mich näher damit zu beschäftigen. Im Laufe meines Berufslebens habe ich dann immer wieder erfahren, wie recht der Kollege hatte.

Die Einteilung der Drogen nach Gesichtspunkten der TCVM ist sehr viel komplizierter als bei der westlichen Phytotherapie. Nicht umsonst müssen die Akupunkturärzte in China ein mehrjähriges Studium absolvieren. Wer einmal einem in China über mehrere Jahre ausgebildeten Arzt begegnet ist, wird sofort gemerkt haben, dass das, was wir im Westen mit unserer Ausbildung anwenden, nur ein Bruchteil dessen ist, was die TCVM eigentlich auszeichnet. Im Folgenden werde ich deshalb nur pragmatisch und kurz gefasst auf die Einteilung der Drogen nach TCVM eingehen. Aber selbst mit dieser „abgespeckten" Version der TCVM-Phytotherapie habe ich in meiner Praxis vielen Patienten erfolgreich helfen können.

Ich muss noch einmal betonen, dass die im Folgenden dargestellte Einteilung bei Weitem nicht alle Kriterien der TCVM-Phytotherapie erfasst. Trotzdem kann man mit der Kurzfassung gut arbeiten.

An erster Stelle stehen wohl die Bezüge zu den bestimmten **Meridianen** und das energetische Temperaturverhalten der verschiedenen Drogen, eingeteilt in kalt, kühl (Yin) und heiß, warm (Yang). Die **Wirkrichtung**, schwebend, fallend, steigend, sinkend, ist ein weiteres Kriterium, wie auch die **Geschmacksrichtungen**, sauer, bitter, süß, scharf, salzig.

Die **Diaphoretika** fördern die periphere Durchblutung, regen die Schweißbildung an und leiten Giftstoffe aus. Sie werden noch unterteilt in scharfe, wärmende und scharfe, kühlende Drogen.

Die **Fiebermittel** werden unterteilt in: Hitze klärende und Feuer ableitende; Hitze klärende, entgiftende; und Hitze klärende, Feuchtigkeit trocknende Drogen.

Da in der TCVM die Regel gilt – egal wer der Vater der Erkrankung war, die Mutter ist immer der Darm – wird den Laxanzien eine bedeutende Rolle eingeräumt. Sie werden unterteilt in **Purgativa** und in **demulgierende Laxanzien**. Die Purgativa sind offensive Drogen zur Entgiftung bei fiebrigen und infektiösen Erkrankungen. Sie werden nur nach strenger Indikationsstellung verwendet und haben ein begrenztes Einsatzgebiet. Die demulgierenden Laxanzien erleichtern die Ausscheidung, wirken der Trockenheit der Darmschleimhaut entgegen und finden Verwendung bei Yin-Mangel.

Diuretika und **Aquaretika** werden bezeichnet als den Flüssigkeitshaushalt regulierende Drogen. Auch hier gibt es noch weitere Unterteilungen. Für die Drogen, die wir als Antirheumatika bezeichnen, gibt es in der TCVM keine entsprechende Einteilung. Man spricht vielmehr von Wind-Feuchtigkeit und Hitze ableitenden oder Feuchtigkeit umwandelnden und trocknenden Kräutern.

Die **Stimulanzien** sind das Innere wärmende, Kälte vertreibende Substanzen.

Übersicht: Einteilung und Kriterien der TCM

- Meridianbezug
- Wirkrichtung
- Geschmacksrichtung
- Diaphoretika
- Fiebermittel
- Purgativa
- Laxanzien
- Diuretika und Aquaretika
- Wind-Feuchtigkeit und Hitze ableitend
- Stimulanzien

Ich hoffe, ich habe Sie jetzt nicht zu sehr verwirrt. Aber die TCVM-Phytotherapie ist nun einmal wesentlich komplizierter als die westliche Phytotherapie. Sie zwingt den Therapeuten, den Patienten gründlich zu untersuchen und eine exakte akupunkturorientierte Diagnose zu stellen. Die sichtbaren Schleimhäute, die Zunge, der Puls, Hauttemperatur, Hautturgor, Hauttyp, Qualität des Hufhorns und der psychische Zustand werden einbezogen. Das alles sind Kriterien, die genau zu beobachten sind. Viel zu oft werden nur irgendwelche Punkteprogramme gestochen, die irgendwann einmal ein Guru für dieses oder jenes westliche Krankheitsbild erfunden hat. Das meiner Ansicht nach Schlimme an diesem Vorgehen ist, dass es, wenn sich kein Heilerfolg einstellt, nicht am Therapeuten liegt, sondern die Methode infrage gestellt wird. Das ist natürlich Wasser auf die Mühlen der Schulmediziner, die dadurch wieder einmal die ganzheitliche Medizin ad absurdum führen können.

Mittlerweile sind viele Originalsubstanzen aus China bei uns verfügbar. Aber seriöse chinesische TCM-Ärzte sind der Meinung, der Patient solle mit dem behandelt werden, was in seiner Umgebung wächst. Und bei uns wächst alles, was wir für eine rationale Phytotherapie brauchen. Warum sollen wir dann Kräuter um die halbe Welt transportieren, ganz abgesehen von der Ökobilanz? Ich persönlich hatte als Praktiker gar nicht die Zeit, auch noch chinesische Namen und das Wirkverhalten chinesischer Kräuter zu lernen. Vorgefertigte Mischungen für diese oder jene Indikation sind zwar PR-mäßig den europäischen Heilpflanzen überlegen, aber ob der Einsatz wirklich der klassischen TCM-Phytotherapie entspricht, sei dahingestellt.

4 Die Dosis macht das Gift

4.1 Kommission E und HMPC

Die Dosis macht das Gift – diese Erkenntnis des Theophrastus Bombast von Hohenheim, genannt Paracelsus (1493–1541), hat gerade in der Phytotherapie heute noch ihre volle Gültigkeit. Phytotherapeutika sind Arzneimittel, weshalb die Dosis-Wirkungs-Kurve unbedingt zu beachten ist.

Sehr viele Drogen wurden in den Jahren von 1978 bis 1995 von der Kommission E auf ihre Wirksamkeit überprüft. Diese Kommission bestand aus 24 ausgesuchten Sachverständigen aus Wissenschaft und Praxis mit profunden Kenntnissen in der Phytotherapie. Die Kommission war als Aufbereitungs- und Zulassungskommission tätig und wertete das vorhandene wissenschaftliche Erkenntnismaterial aus. Die Kommission beurteilte die Drogen nach Wirksamkeit, Toxizität und Nebenwirkungen. Aufgrund dieser Ergebnisse wurden die Drogen dann positiv oder negativ monografiert. Bei den für gut befundenen Drogen (positive Monografie) sprach sie eine Anwendungs- und Dosierungsempfehlung aus. Seit 1992 wurden die Erkenntnisse der Kommission E durch die European Scientific Cooperative on Phytotherapy (ESCOP) und seit 2008 durch das europäische Herbal Medicinal Products Commitee (HMPC) überprüft. Zuständig beim HMPC ist eine internationale Expertengruppe der europäischen Zulassungsbehörde für Arzneimittel (European Medicines Agency, EMA). Die internationalen Expertengruppen bestätigten im Großen und Ganzen die Erkenntnisse der Kommission E. Das heißt, die Vorgaben in den Monografien der Kommission sind immer noch gültig und man kann ruhigen Gewissens mit ihnen arbeiten. Die Dosierungsangaben liegen natürlich nur für den Menschen vor. Sie gelten für einen Menschen mit 65 kg Körpergewicht.

4.2 Dosierung beim Pferd

In der Regel sind unsere Pferde schwerer als 65 kg (Körpergewicht Mensch), sodass die Dosierungen umgerechnet werden müssen. Das geht aber nicht über eine einfache Dreisatzrechnung mit den zugehörigen Gewichten, sondern es muss das metabolische Körpergewicht verwendet werden.

Die in diesem Werk angegebenen Dosierungen wurden auf der Basis des metabolischen Körpergewichts eines Pferds von **500 kg Lebendmasse** (LM) berechnet. Die später angegebenen Tagesdosen beziehen sich also immer auf einen Equiden mit 500 kg LM.

Metabolisches Körpergewicht

Das metabolische Körpergewicht (MB) ist das tatsächliche Gewicht hoch 0,75, also $kg^{0,75}$. Das metabolische Körpergewicht eines Menschen mit 65 kg beträgt $65^{0,75}$ und ist damit gleich 22,892 kg.

→ Das metabolische Körpergewicht (Mensch) ≙ 22,9 kg

Die angegebenen Dosierungen wurden in der eigenen Tierarztpraxis getestet und mit Erfolg angewendet. Trotzdem muss der Patient während der ersten Tage der Verabreichung genau beobachtet werden. Wie beim Menschen auch, können Allergien oder Unverträglichkeiten auftreten. Dann ist die Drogenmischung sofort abzusetzen.

Stellt sich innerhalb von 10 Tagen keine merkliche Besserung ein, so sollte man das Pferd nicht weiter damit quälen und auf eine andere Therapieform umsteigen. Wiegt das Pferd mehr oder weniger als 500 kg, so muss die Dosierung entsprechend umgerechnet werden.

Phytotherapeutika haben in der Regel eine große therapeutische Breite, das heißt, ein bisschen zu viel macht in der Regel nichts aus, aber allzu schnell kommt man in einen Bereich, in dem Unverträglichkeiten oder sogar Intoxikationen auftreten können.

Im Zeitalter der multifunktionalen Taschenrechner ist es keine große Kunst, die richtige Dosis für das Pferd auszurechnen. Nachfolgend einige Beispiele.

4.3 Berechnungsbeispiele

Diese Rechnungen beziehen sich alle auf Einzelgaben. Um aber einen größtmöglichen Effekt zu erzielen, werden Drogenmischungen verwendet. Bei der Auswahl der Kräuter muss streng darauf geachtet werden, dass sie sich ergänzen und nicht ihre Wirkung gegenseitig aufheben.

Passt die Zusammensetzung, so habe ich die Erfahrung gemacht, dass enorme Synergieeffekte auftreten. Das wirkt sich natürlich auf die Dosis aus. Wenn man dann von der errechneten Gesamtdosis noch einmal 25 % abzieht, hat man eine äußerst wirksame Drogenmischung. Eine in sich stimmige und wirksame Mischung sollte jedoch nicht mehr als vier verschiedene Substanzen enthalten.

Tagesdosis – Pferd mit 700 kg LM

Angegebene Tagesdosis der Droge 12 Gramm für 500 kg LM

Zuerst muss die Lebendmasse (LM) in das metabolische Körpergewicht (MB) umgerechnet werden:

- 500 kg LM sind $500^{0,75}$ entspricht 105,73 kg MB
- 700 kg LM sind $700^{0,75}$ entspricht 136,8 kg MB

Für 105,73 MB wird empfohlen ≙ 12 Gramm

- 105,73 MB ≙ 12 Gramm
- 136,8 MB ≙ X Gramm

Dreisatz: X = 12 × 136,8 (= 1641,6) ÷ 105,73 = 15,5 Gramm

→ Die Tagesdosis für ein Pferd mit 700 kg LM beträgt also 15,5 Gramm Droge

Tagesdosis – Kleinpferd mit 300 kg LM

Für 500 kg LM sind es 12 Gramm Droge

- 500 kg LM sind $500^{0,75}$ entspricht 105,73 kg MB
- 300 kg LM entspricht $300^{0,75}$ = 72,08 kg MB

- 105,73 MB ≙ 12 Gramm
- 72,08 MB ≙ X Gramm

Dreisatz: X = 72,08 × 12 (= 864,96) ÷ 105,73 = 8,18

→ Die Tagesdosis beträgt also 8,2 Gramm Droge

Tagesdosis – abgeleitet aus Humandosis

Dosis Mensch pro Tag 3 Gramm Droge

Die Menschendosis ist immer auf ein Gewicht von 65 kg LM bezogen, also einem metabolischen Körpergewicht (MB) von immer 22,9 („Warum, weiß keiner mehr, wahrscheinlich waren die Menschen früher leichter.")

Das Pferd in unserem Beispiel hat eine Lebendmasse von 700 kg

- $65^{0,75}$ ≙ 22,9 MB
- $700^{0,75}$ ≙ 136,1 MB

- 22,9 kg MB ≙ 3 Gramm
- 136,1 kg MB ≙ **X** Gramm

Dreisatz: **X** = 3 × 136,1 (= 408,3) ÷ 22,9 = 17,8 Gramm

→ Die Tagesdosis dieser Droge für ein Pferd mit 700 Kg LM beträgt also 17,8 Gramm

Teil 2
Drogenprofile

5 Einteilung nach Wirkstoffen

Die nachfolgenden Drogenprofile (▸Kap. 6 bis ▸Kap. 13) sind nur eine kleine Auswahl der infrage kommenden Drogen. Der Leser wird mit Sicherheit die eine oder andere Droge vermissen. Ich habe aber bewusst nur diejenigen aufgeführt, von deren Wirksamkeit ich überzeugt bin und die ich in meiner Praxis und Klinik mit Erfolg angewendet habe.

- Drogen mit Alkaloiden (▸Kap. 6)
- Drogen mit ätherischen Ölen (▸Kap. 7)
- Bitterstoffdrogen (▸Kap. 8)
- Drogen mit Gerbstoffen (▸Kap. 9)
- Drogen mit Glykosiden (▸Kap. 10)
  - Drogen mit Phenolglykosiden (▸Kap. 10.1)
  - Drogen mit Flavonglykosiden (▸Kap. 10.2)
  - Drogen mit Saponinglykosiden (▸Kap. 10.3)
  - Drogen mit Anthracenglykosiden (▸Kap. 10.4)
  - Drogen mit herzwirksamen Glykosiden (▸Kap. 10.5)
- Schleimdrogen (▸Kap. 11)
- diverse Drogen (▸Kap. 12)
- adaptogene Drogen (▸Kap. 13)

Auf Abbildungen der zu den Drogen gehörenden Pflanzen habe ich bewusst verzichtet, denn im Internet gibt es für jede Pflanze unzählige gute Bilder und schlussendlich soll dies ein Fachbuch und kein Bilderbuch sein.

Alle Dosierungsangaben sind als Tagesdosis für einen Equiden von 500 kg Lebendmasse angegeben.

Um der Juristerei Genüge zu tun, noch folgender Hinweis: Trotz größter Sorgfalt seitens des Autors und des Verlags kann sich dennoch ein Fehler eingeschlichen haben. Für eventuell daraus entstehende Schäden übernimmt weder der Autor, noch der Verlag eine Haftung.

6 Drogen mit Alkaloiden

Nur der Vollständigkeit halber seien die Alkaloiddrogen erwähnt. Sie gehören zu den sogenannten „Forte-Drogen“ mit einem hohen Gehalt an Wirkstoffen und einer geringen therapeutischen Breite. Die meisten von ihnen wirken auf das zentrale oder vegetative Nervensystem. Sie enthalten Stickstoffverbindungen und der Name rührt daher, dass sie basisch, also alkalisch reagieren.

Die bekannteste Alkaloiddroge ist wohl der Schlafmohn, Papaver somniferum, aus dem der Apotheker Friedrich Sertürner 1805 das Morphin isolierte. Codein, Noscapin und Papaverin sind weitere Inhaltsstoffe des Schlafmohns, die heutzutage jedoch meist im Labor hergestellt werden und als Einzelsubstanzen Verwendung finden.

Für die praktische Phytotherapie in der Pferdepraxis haben Alkaloiddrogen aufgrund ihrer hohen Toxizität keine Bedeutung. Es wird jedoch erzählt, dass spezialisierte Tierärzte Morphinderivate als schmerzausschaltende Mittel verwenden würden.

7 Drogen mit ätherischen Ölen

Ätherische Öle sind fettlösliche, stark riechende und leicht flüchtige Substanzen. Sie werden gewonnen durch Wasserdampfdestillation, Extraktion, oder durch Auspressen von ganzen Pflanzen oder Pflanzenteilen. Am häufigsten kommen sie in Blättern, manchmal jedoch auch in Blüten, im Holz (Harze) und in Wurzeln vor. Die Pflanze schützt sich damit vor Fressfeinden und Krankheiten, oder sie lockt mit den enthaltenen Duftstoffen Insekten für die Bestäubung an. Zu finden sind sie bei fast allen Pflanzengattungen.

Die Aromatherapie nutzt mit guten Erfolgen die ätherischen Öle für sehr viele Krankheitsbilder. In der Tiermedizin verwenden wir die in den Drogen enthaltenen Öle in ganz verschiedenen Bereichen.

Durch die sehr unterschiedliche chemische Zusammensetzung besitzen die Öle natürlich auch unterschiedliche Wirkrichtungen auf den Organismus. Es gibt mikrozid, akarizid, spasmolytisch, antiphlogistisch und hyperämisierend wirkende Inhaltsstoffe in den verschiedensten Ausgangspflanzen.

Die antiphlogistische Wirkung beruht auf der Hemmung der Arachidonsäurekaskade. Durch kutiviszerale Reize wirken die ätherischen Öle in hohen Konzentrationen stark durchblutungsfördernd und indirekt analgetisch. In niederen Konzentrationen werden sie in die Zellmembran eingelagert, beeinflussen die Ionenkanäle und Rezeptoren und entfalten dadurch eine keimhemmende Wirkung.

Öle als Reinsubstanz sind in der Tiermedizin selten im Einsatz. Eine Einreibung mit ätherischen Ölen ist mit Sicherheit eine erfolgreiche Therapie, scheitert aber in der Regel an den Kosten. Bewährt hat sich allerdings eine Art Aromatherapie, indem man vor dem Fressen einige Tropfen Duftöl auf den Rand des Futtertrogs träufelt. In meiner Praxis habe ich die Ätherisch-Öl-Drogen als Pulver für verschiedenste Indikationen eingesetzt. Die wichtigsten und von mir am meisten gebrauchten werde ich im Folgenden vorstellen. Zu beachten ist jedoch, dass diese Drogen erst kurz vor der Anwendung zu Pulver vermahlen werden dürfen und Mischungen immer frisch zubereitet werden müssen. Die leicht flüchtigen ätherischen Öle verdunsten sehr schnell und wenn die Mischung zu alt wird, hat sie nicht mehr die von ihr erwartete Wirksamkeit.

Anisfrüchte – Anisi fructus

Die Pflanze Pimpinella anisum, der Anis, ist eine sehr alte Kulturpflanze, die in den antiken Hochkulturen einschließlich China und Indien eine lange Tradition als Heilpflanze hat. Die Ärzte des Altertums beschrieben Anis als erwärmend, austrocknend und das Asthma erleichternd. Nach Deutschland kam Anis wahrscheinlich durch die Römer. Alle Autoren, des Mittelalters bis in die Neuzeit, beschrieben seine heilsame Wirkung. In der Medizin verwendet werden das Öl und die getrockneten Früchte. Für die Pferdepraxis sind die Früchte von Bedeutung.

Steckbrief

Kriterium	Beschreibung
Wichtige Inhaltsstoffe	Ätherisches Öl mit Anethol, Flavonoide
Wirkmechanismen	Sekretolytisch, expektorierend, schwach spasmolytisch, Steigerung der Speichel- und Magensaftproduktion
Anwendung	Schleimige Bronchitis; nervöse Dyspepsie, Koliken
Tagesdosis	13 Gramm
Kontraindikation	Keine
Indikationen	
Kommission E	Katarrhe der Luftwege, dyspeptische Beschwerden
Einsatz in der Praxis	Schleimige Bronchitis, nervöse Dyspepsie, Kolikprophylaxe
TCVM	
Beschreibung	Anisfrüchte gehören zu den wärmenden Kräutern, die Kälte-Schleim und Schleim-Feuchtigkeit vertreiben, Husten lindernd
Meridianbezug	Magen, Milz, Lunge

Kriterium	Beschreibung
Energetik	Leicht scharf, warm
Therapeutische Eigenschaften	Reguliert das Chi der Mitte und der Lunge, leitet Schleim ab

Fenchelfrüchte – Foeniculi amari fructus

Die Pflanze, Foeniculum vulgare, wurde im Altertum überall eingesetzt und war so etwas wie ein Allroundmittel. Indikationen waren Schlangenbisse, Bisse tollwütiger Hunde, fehlender Milchfluss, Blasen-, Nieren- und Lungenleiden. Mit dem Fenchelöl wurden Ektoparasiten wie Läuse, Flöhe, Krätzmilben und Hühnerläuse bekämpft. Hildegard von Bingen benutzte Fenchel als Expektorans.

Steckbrief

Kriterium	Beschreibung
Wichtige Inhaltsstoffe	Ätherisches Öl mit Fenchon und Anethol, Flavonoide
Wirkmechanismen	Expektorierend, wichtiges Sekretolytikum; verbessert die mukoziliäre Clearance, das heißt, die Schlagfrequenz der Flimmerepithelien in der Bronchialschleimhaut wird erhöht; antimikrobiell; regt Bildung von Magensaft an und fördert die Magen-Darm-Motilität
Anwendung	COB, spastische Bronchitis mit Schleim, chronische Verstopfung, Blähungen, Krampfkolik
Tagesdosis	23 Gramm
Kontraindikation	Keine
Indikationen	
Kommission E	Katarrhe der Luftwege; dyspeptische Beschwerden
Einsatz in der Praxis	COB (RAO); spastische, schleimige Bronchitis; Blähungen, Vorbeugung Windkolik; als Tee bei Krampfkolik

Kriterium	Beschreibung
TCVM	
Beschreibung	Bitterer Kammfenchel gehört zu den wärmenden Kräutern, die Kälte-Schleim und Schleim-Feuchtigkeit vertreiben; Husten lindernd
Meridianbezug	Milz, Magen, Niere, Lunge, Leber
Energetik	Scharf, süß, aromatisch, warm
Therapeutische Eigenschaften	Reguliert das Chi der Mitte, der Lunge und der Leber; leitet Schleim aus

Thymiankraut – Thymi herba

Der echte Thymian wurde von den alten Griechen als Heilpflanze genutzt. Nach Deutschland kam er aber erst im 11. Jahrhundert. In den alten Kräuterbüchern ist eine Vielzahl von Indikationen beschrieben. Bei Atemnot, Asthma, gegen geronnenes Blut, gegen Würmer, nerven- und magenstärkend, schmerzstillend. Bemerkenswert ist, dass schon 1725 das Thymol aus dem Thymian als Ersatz für Karbol vom Berliner Apotheker Caspar Neumann verwendet wurde.

Steckbrief

Kriterium	Beschreibung
Wichtige Inhaltsstoffe	Ätherisches Öl mit Thymol
Wirkmechanismen	Wichtiger Schleimlöser, expektorierend, sekretomotorisch; antimikrobiell, speziell gegen Viren; akarizid
Anwendung	Fieberhafte, produktive Bronchitiden; COB; Dyspepsie mit weichem Kotabsatz
Tagesdosis	30 Gramm
Kontraindikation	Keine
Indikationen	
Kommission E	Symptome der Bronchitis, Keuchhusten, Katarrhe der oberen Luftwege
Einsatz in der Praxis	Fieberhafte, produktive Bronchitiden; COB; Dyspepsie mit weichem Kotabsatz
TCVM	
Beschreibung	Thymian gehört zu den wärmenden Kräutern, die Kälte-Schleim und Schleim-Feuchtigkeit vertreiben; dadurch Hustenlinderung
Meridianbezug	Lunge, Milz, Magen, Herz, Blase, Niere

Kriterium	Beschreibung
Energetik	Warm, scharf, bitter, aromatisch
Therapeutische Eigenschaften	Senkt das Lungen-Chi, wirkt spasmolytisch und expektorierend, leitet den Schleim der Lunge ab, wärmt, stärkt und reguliert Milz und Magen-Yang

Melissenkraut – Melissae folium

Im griechisch/römischen Raum wurde die Melisse im Altertum als Heilpflanze und Bienenweide genutzt. Der persische Arzt Avicenna (Ibn Sina) beschreibt die Melisse als Mittel gegen Melancholie und zur Stärkung der Vitalität. 1611 wurde in einem französischen Karmelitenkloster ein Melissengeist hergestellt der gegen Übelkeit, Magenstörungen, als allgemeines Kräftigungsmittel und sogar zum Einreiben bei Rheuma seine Anwendung fand. Der „Melissengeist" wird heute noch benutzt (Vorsicht: 80 % Alkoholgehalt!).

Steckbrief

Kriterium	Beschreibung
Wichtige Inhaltsstoffe	Wenig ätherisches Öl mit Citronella, Lamiaceen-Gerbstoffe
Wirkmechanismen	Antimikrobiell (hauptsächlich antiviral), choleretisch, sedativ
Anwendung	Nervosität, Hysterie, nervöse Magen-Darm-Störungen (Kotwasser), Kolik, COB, Herpesinfektionen
Tagesdosis	22 Gramm
Kontraindikation	Keine
Indikationen	
Kommission E	Funktionelle Magen-Darm-Beschwerden, nervöse Unruhe
Einsatz in der Praxis	Störungen im Magen-Darm-Trakt, nervöse Unruhe; Turnierangst
TCVM	
Beschreibung	Melisse gehört zu den Drogen, die sedieren und den Geist beruhigen
Meridianbezug	Lunge, Leber, Herz, Perikard, Magen

Kriterium	Beschreibung
Energetik	Neutral bis warm, sauer, leicht bitter, aromatisch
Therapeutische Eigenschaften	Bewegt und reguliert das Chi, stärkt Herz-Chi und Herz- und Leber-Blut; beruhigt Shen und Hun (Geist bzw. Seele in der Leber); leitet Wind-Hitze aus

Zimtrinde – Cinnamomi cortex

Seit dem 8. Jahrhundert war die Zimtrinde in Europa als sehr teures Gewürz bekannt. In der Medizin wurde die Zimtrinde als Diuretikum verwendet. Sie war auch bekannt als Geburtsbeschleuniger, diente der Herzstärkung und als Antidot gegen Gifte. In späterer Zeit wurde sie zur Blutstillung, gegen Ohnmacht, Herzklopfen, Schwachheit und zur Nervenstärkung eingesetzt.

Steckbrief

Kriterium	Beschreibung
Wichtige Inhaltsstoffe	Ätherisches Öl mit Eugenol, Zimtaldehyd
Wirkmechanismen	Antibakteriell, fungistatisch, motilitätsfördernd, leicht positive Östrogenwirkung
Anwendung	Verbessert die Verdauung, stauungslösend; antirheumatisch; wärmt und stimuliert alle Vitalfunktionen
Tagesdosis	18 Gramm
Kontraindikation	Keine
Indikationen	
Kommission E	Appetitlosigkeit, dyspeptische und krampfartige Beschwerden im Magen-Darm-Bereich
Einsatz in der Praxis	Appetitlosigkeit, dyspeptische Beschwerden, zur Vorbeugung von Koliken
TCVM	
Beschreibung	Zimtrinde gehört zu den das Innere wärmenden Kräutern
Meridianbezug	Milz, Niere, Leber, Herz
Energetik	Scharf, süß, heiß
Therapeutische Eigenschaften	Tonisiert Nieren-Yang; zerstreut Kälte und wärmt das Innere; fördert Blut- und Chi-Zirkulation

Pfefferminzblätter – Menthae piperitae folium

Die Minze wurde von den alten Ägyptern kultiviert und in deren Medizin verwendet. In Europa wird sie erstmalig im 13. Jahrhundert erwähnt. Damals wurde die Minze gegen sehr viele Krankheiten eingesetzt. Die Indikationen deckten fast das ganze Spektrum der damaligen Heilkunde ab. Erkrankungen des Magens, des Darms, der Harnwege, der Leber und der Milz wurden mit ihr behandelt. Ja sogar bei Zahngeschwüren und zur Erleichterung der Geburt fand die Minze Verwendung.

Steckbrief

Kriterium	Beschreibung
Wichtige Inhaltsstoffe	Ätherisches Öl mit Menthol
Wirkmechanismen	Spasmolytisch, cholagog, karminativ, antiviral; Förderung der Magensaftsekretion, Beschleunigung der Magenentleerung
Anwendung	Gespanntes Abdomen, intestinale Krämpfe, Kolik
Tagesdosis	22 Gramm
Kontraindikation	Keine
Indikationen	
Kommission E	Krampfartige Beschwerden im Magen-Darm-Bereich, der Gallenblase und der Galle abführenden Wege
Einsatz in der Praxis	Beschwerden im Magen-Darm-Trakt, subklinische Koliken, Leberfunktionsstörungen
TCVM	
Beschreibung	Minze gehört zu den Qi bewegenden und regulierenden Kräutern
Meridianbezug	Lunge, Milz, Leber, Magen
Energetik	Warm, scharf, aromatisch
Therapeutische Eigenschaften	Bewegt und reguliert Chi, senkt Magen-Chi befreit die Oberfläche und entgiftet

Kamillenblüten – Matricariae flos

Die Heilkraft der Kamille wurde bereits von den alten Germanen erkannt und genutzt. Sie schrieben den Blüten und dem Kraut erwärmende und verdünnende Kräfte zu. Sowohl der Kamillentee, als auch der Einsatz als Sitzbäder sei gut zur Menstruationsförderung, gegen Blähungen, Darmverschlingung, Leberleiden, Blasenentzündung und Fieber. In späterer Zeit wurde die Kamille beschrieben als wirksames Tonikum, Karminativum, Schmerz- und Fiebermittel.

Steckbrief

Kriterium	Beschreibung
Wichtige Inhaltsstoffe	Ätherisches Öl mit Chamazulen und Bisabolol, Flavonoide
Wirkmechanismen	Antiphlogistisch, antibakteriell, spasmolytisch, fördert Wundheilung
Anwendung	Verdauung, Enteritis, Diarrhö, Koliken, Appetitmangel, Lunge, grippaler Infekt, Reizbarkeit
Tagesdosis	20 Gramm pro Liter heißes Wasser 10 Minuten abgedeckt ziehen lassen; für die Wundheilung standardisierte Fertigpräparate; hierfür wirksame Inhaltsstoffe können nur durch Destillation gewonnen werden
Kontraindikation	Verwendung am Auge! Allergien gegen Korbblütler!
Indikationen	
Kommission E	Haut- und Schleimhautentzündungen sowie bakterielle Hautentzündung einschließlich des Zahnfleisches und der Mundhöhle; Inhalationen bei entzündlichen Erkrankungen der Atemwege; gastrointestinale Spasmen und Entzündungen des Gastrointestinaltrakts
Einsatz in der Praxis	**Innerlich und äußerlich:** Entzündungen; Spasmolytikum und Karminativum

Kriterium	Beschreibung
TCVM	
Beschreibung	Kamille gehört zu den Chi-regulierenden Kräutern
Meridianbezug	Milz, Magen, Leber, Dickdarm, Lunge
Energetik	Leicht bitter, leicht aromatisch
Therapeutische Eigenschaften	Leitet Wind-Hitze und feuchte Hitze aus; reguliert Leber-Chi, Leber-Yang und Lungen-Chi; leitet heißen Schleim aus

Salbeiblätter – Salviae officinalis folium

Im griechischen Altertum rühmte man den Salbei als blutstillend, harntreibend, stärkend und menstruationsfördernd. Fast alle Verfasser von Kräuterbüchern, angefangen bei Plinius bis hin ins 17. Jahrhundert befassten sich mit dem Salbei. Die Volksmedizin verwendete den Salbei bei Angina, Aphthen, Hämorrhoiden, Blasenentzündungen, Leber- und Milzleiden.

Steckbrief

Kriterium	Beschreibung
Wichtige Inhaltsstoffe	Ätherisches Öl mit Thujon, Lamiaceengerbstoffe
Wirkmechanismen	Antiphlogistisch, antibakteriell, virostatisch, fungistatisch, adstringierend, sekretionsfördernd
Anwendung	Erkältung, Fieber, übermäßige Schweißbildung (Ekzemer); Zystitis; Entzündung obere Atemwege
Tagesdosis	25 Gramm, **äußerlich:** 15 g mit 200 ml Wasser aufbrühen
Kontraindikation	Keine
Indikationen	
Kommission E	Entzündung der Mund- und Rachenschleimhaut; dyspeptische Beschwerden, vermehrte Schweißsekretion
Einsatz in der Praxis	**Äußerlich:** Ekzeme, Hautprobleme, verursacht durch vermehrte Schweißabsonderung; übermäßiges Schwitzen
TCVM	
Beschreibung	Salbei gehört zur Gruppe der Kräuter, die kühlen und Wind-Hitze zerstreuen
Meridianbezug	Lunge, Magen, Milz

Kriterium	Beschreibung
Energetik	Scharf, bitter, adstringierend
Therapeutische Eigenschaften	Kühlt und leitet Wind-Hitze ab; stärkt Chi; sehr trocknend; leitet Schleim der Lunge ab

Curcumawurzel – Gelbwurzel – Curcumae longae rhizoma

Curcuma kennen die meisten von uns nur aus der Küche. Dort wird die Wurzel als Gewürz und Hauptbestandteil des Currys verwendet. Sie ist jedoch in ihrem Ursprungsland Indien seit 4000 Jahren als Heilmittel bekannt. Nach Europa kam die Wurzel über den arabischen Raum. In Deutschland wurde Curcuma erst 1930 in die Liste der pharmakologisch wirkenden Substanzen aufgenommen. In neuerer Zeit wurde die Gelbwurzel weiter untersucht und es wurden viele zusätzliche Indikationen gefunden.

Steckbrief

Kriterium	Beschreibung
Wichtige Inhaltsstoffe	Ätherisches Öl, Curcuminoide wie z. B. Curcumin
Wirkmechanismen	Entzündungshemmend, krampflösend; schützt die Leber, fördert Gallenfluss; viruzid; Radikalfänger
Anwendung	Allgemeine Schmerzen, Leberprobleme
Tagesdosis	14 Gramm
Kontraindikation	Keine
Indikationen	
Kommission E	Verdauungsstörungen
Einsatz in der Praxis	Verdauungsbeschwerden, Koliken, Magengeschwüre, Lebererkrankungen
TCVM	
Beschreibung	Curcuma gehört zu den Blut bewegenden Drogen; das Rhizom bewegt das Chi nach unten und zerstreut Blut-Stauungen
Meridianbezug	Herz, Leber, Lunge
Energetik	Scharf, bitter, warm
Therapeutische Eigenschaften	Stimulans, regt den Gallenfluss an, Schmerzmittel

8 Bitterstoffdrogen

Die Bitterstoffdrogen (Amaranzien) werden in mehrere Gruppen eingeteilt. Für uns sind aber nur die sogenannten Amara pura und Amara aromatika interessant. Amara pura sind einfach nur bitter und enthalten als Wirksubstanz ausschließlich Bitterstoffe, die Amara aromatika enthalten neben den Bitterstoffen noch ätherische Öle und haben dadurch ein größeres Wirkungsspektrum. Vereinfacht dargestellt, reizen die Bitterstoffe die Geschmacksknospen auf der Zunge. Diese wiederum regen über den Vagusnerv reflektorisch die Sekretion der Magen- und Verdauungssäfte an und verbessern die Verdauung. Der gleiche Mechanismus wirkt auch in der Lunge und es kommt zu einer vermehrten Sekretion und dadurch zu einem schleimlösenden Effekt (gastropulmonaler Effekt).
Eingesetzt werden die Bitterstoffdrogen hauptsächlich zur Förderung der Verdauung sowie in Kombination mit krampflösenden Mitteln bei der Behandlung von Koliken. Bei der Vorsorge und Nachsorge von Koliken sind die Bitterstoffe von enormer Wichtigkeit. Bei Leber- und Gallenstörungen regen sie die Produktion und den Fluss der Gallenflüssigkeit an und haben auch somit einen positiven Effekt auf die Verdauung.

Enzianwurzel – Gentianae radix

Die Ärzte der Antike verwendeten die Wurzel des gelben Enzians bei Leber- und Gallenleiden, gegen den Biss giftiger Tiere und als Gichtmittel. Äußerlich wurde das Mittel hauptsächlich gegen Geschwüre und zur Wundheilung verwendet. Im Mittelalter wurde die Wurzel eingesetzt zum Reinigen, Säubern und Hinwegnehmen allerlei Verstopfungen. Bemerkenswert ist, dass die gelbe Enzianwurzel auch bei der Entwöhnung von zu viel Bier eine Rolle spielt. Pfarrer Kneipp verwendete den Enzian zur Stärkung des Magens und der Nerven.

Steckbrief

Kriterium	Beschreibung
Wichtige Inhaltsstoffe	Bitterstoffe (Amarum purum), Kohlenhydrate
Wirkmechanismen	Regt die Speichel- und Magensaftsekretion an, fördert den Gallenfluss
Anwendung	Magen-Darm-Entzündungen; Verdauungsschwäche, Erschöpfungszustände
Tagesdosis	18 Gramm
Kontraindikation	Keine
Indikationen	
Kommission E	Verdauungsbeschwerden, Appetitlosigkeit, Völlegefühl, Blähungen
Einsatz in der Praxis	Verdauungsbeschwerden, Stärkungsmittel und Tonikum
TCVM	
Beschreibung	Unterstützt den Verdauungsvorgang und Assimilierungsvorgänge
Meridianbezug	Leber, Galle, Milz, Magen
Energetik	Bitter, Kalt
Therapeutische Eigenschaften	Tonisiert das Milz-, Magen- und Dünndarm-Chi

Beifußkraut – Artemisiae herba

Das Beifußkraut ist eigentlich nur als Küchengewürz bekannt. Verwendung findet es bei fetten Speisen, wie zum Beispiel Gänse- oder Entenbraten. Im Mittelalter wurden mit Beifußkraut Getränke gewürzt und mit dem Kraut gefüllte Kissen waren ein Mittel gegen Schlaflosigkeit.

Steckbrief

Kriterium	Beschreibung
Wichtige Inhaltsstoffe	Bitterstoffe, ätherisches Öl mit Thujon
Wirkmechanismen	Antimikrobiell, cholagog, spasmolytisch, antiemetisch
Anwendung	Übelkeit, Koliken, Blähungen, allgemeine Reizbarkeit, Unruhe
Tagesdosis	10 Gramm
Kontraindikation	Keine
Indikationen	
Kommission E	Die Kommission E befürwortet die therapeutische Verwendung nicht, da die Wirksamkeit nicht belegt ist. Einsatzgebiete waren Erkrankungen und Beschwerden im Bereich des Magen-Darm-Trakts, Koliken, Durchfall, Krämpfe, Verdauungsschwäche, Anregung der Verdauungssäfte.
Einsatz in der Praxis	Beschwerden im Magen-Darm-Trakt; bewährt hat sich frühmorgens vor der Fütterung eine Morgengabe von drei Stängeln frischem Beifuß oder 10 Gramm Drogen; hervorragendes Mittel, um die Verdauungsorgane in Schwung zu halten und um Koliken zu verhindern

Kriterium	Beschreibung
TCVM	
Beschreibung	Beifuß gehört zu den Kräutern, die die Verdauungsfunktionen und Assimilierungsvorgänge unterstützen
Meridianbezug	Leber, Galle, Milz, Magen, Niere, Blase
Energetik	Neutral-warm; bitter, aromatisch
Therapeutische Eigenschaften	Harmonisiert Leber und Milz; beruhigt Shen

Schafgarbenkraut – Millefolii herba

Die Schafgarbe ist als Heilpflanze seit der Antike bekannt. Angeblich hat der Zentaur Chiron dem Achill die Wirkung als Wundheilmittel verraten. Im Mittelalter war die Schafgarbe als Soldatenkraut bekannt und diente zur Blutstillung. Kleine Wunden können auch heute noch mit einigen zerkauten Blättern erfolgreich behandelt werden. In der Neuzeit wurde diese Indikation fast vergessen und man verwendete das Kraut als Magen-Darm-Mittel.

Steckbrief

Kriterium	Beschreibung
Wichtige Inhaltsstoffe	Ätherisches Öl mit Proazulenen, Bitterstoffe
Wirkmechanismen	Choleretisch, spasmolytisch, antiphlogistisch, antibakteriell, adstringierend, Hämostyptikum
Anwendung	Schwächezustände, Anämie, Lebererkrankungen, subakute Blutungen
Tagesdosis	20 Gramm, zur äußerlichen Anwendung Umschläge und Verbände mit einem Aufguss aus 100 g Schafgarbenkraut auf 1 Liter Wasser, 10 Minuten ziehen lassen (bewährt auch bei Hunden mit Ohrenentzündungen)
Kontraindikation	Überempfindlichkeit gegen Korbblütler
Indikationen	
Kommission E	Sitzbäder bei krampfhaften Beschwerden des Unterleibs; Appetitlosigkeit, dyspeptische Beschwerden, krampfhafte Beschwerden im Magen-Darm-Bereich, Magengeschwüre
Einsatz in der Praxis	Wundheilung, Ekzeme; Lebererkrankungen, Kolik

Kriterium	Beschreibung
TCVM	
Beschreibung	Schafgarbe gehört zu den Drogen, die die Oberfläche von Wind-Kälte und Wind-Hitze befreien; sie löst das Fieber
Meridianbezug	Milz, Magen, Leber, Blase, Herz, Lunge
Energetik	Neutral
Therapeutische Eigenschaften	Reguliert und bewegt das Chi; entkrampft; macht die Gefäße durchgängig

Löwenzahnwurzel mit Kraut – Taraxaci radix cum herba

In arabischen Texten des 11. und 12. Jahrhunderts ist der Löwenzahn zum ersten Mal erwähnt. In Europa wurde er vom 13. bis ins 18. Jahrhundert als Mittel gegen Durchfall, Leber- und Gallenleiden beschrieben. Die frische Pflanze wurde als blutreinigende Frühjahrskur verwendet. Pfarrer Kneipp empfahl den Löwenzahn bei Leberleiden und Hämorrhoiden.

Steckbrief

Kriterium	Beschreibung
Wichtige Inhaltsstoffe	Bitterstoffe, Schleimstoffe, Inulin, Flavonoide
Wirkmechanismen	Cholagog, diuretisch, sekretionsfördernd im oberen Gastrointestinaltrakt, regt den Harnfluss an
Anwendung	Hepatitis, Gastritis, Zystitis, Ulzera
Tagesdosis	20 Gramm
Kontraindikation	Verschluss der Gallenwege
Indikationen	
Kommission E	Störungen des Gallenflusses, dyspeptische Beschwerden, Anregung Harnfluss
Einsatz in der Praxis	Dyspeptische Beschwerden, Appetitlosigkeit, Störungen des Gallenflusses, entzündliche Erkrankung der Harnwege
TCVM	
Beschreibung	Löwenzahnwurzel mit Kraut gehört zu den Drogen, die feuchte Hitze klären und Hitze-Toxine beseitigen
Meridianbezug	Milz, Magen, Leber, Galle, Niere, Blase
Energetik	Bitter, süß, kalt
Therapeutische Eigenschaften	Leitet Hitze ab und beseitigt Toxine; kühlt; leitet Feuchtigkeit ab und öffnet Wasserwege, unterstützt das Chi von Milz und Magen

Artischockenblätter – Cynarae folium

Als Gemüse wurde die Artischocke schon in der Antike verzehrt. In Deutschland war sie als Arzneimittel nie offizinell. Im 16. Jahrhundert verwendete man die Artischocke als ein diuretisch wirkendes Mittel, als Aphrodisiakum und als wirksam gegen Achselschweiß. Im 19. Jahrhundert wurde beschrieben, dass die Artischocke früher als Lebermittel und gegen Wassersucht verwendet wurde, jetzt aber nur noch als Gemüse den Speiseplan verfeinert.

Steckbrief

Kriterium	Beschreibung
Wichtige Inhaltsstoffe	Bitterstoffe, Zimtsäuren, Flavonoide
Wirkmechanismen	Fördert den Gallenfluss, schützt die Leber und regt den Leberstoffwechsel an, senkt die Blutfettwerte und den Cholesterinspiegel
Anwendung	Dyspeptische Beschwerden, Hepatosen
Tagesdosis	25 Gramm
Kontraindikation	Keine
Indikationen	
Kommission E	Allgemeine Beschwerden im Verdauungstrakt
Einsatz in der Praxis	Beschwerden im Verdauungstrakt, Leberprobleme, Equines metabolisches Syndrom
TCVM	
Beschreibung	Die Artischocke reguliert das Chi
Meridianbezug	Leber, Gallenblase, Milz
Energetik	Bitter, süß, leicht salzig
Therapeutische Eigenschaften	Regt den Leberstoffwechsel an; wirkt Giften entgegen; transformiert unsichtbaren Schleim; diuretisch

Andornkraut – Marrubii herba

Die Ägypter benutzten **im Altertum** den Andorn als Mittel gegen Atemwegserkrankungen und gegen verschiedene Gifte. Plinius empfiehlt ihn gegen hartnäckigen Husten bei Lungen- und Brustfellentzündungen. Im Mittelalter und besonders in der Klostermedizin war das Andornkraut die erste Wahl bei der Behandlung von Atemwegserkrankungen. Zu Beginn des 20. Jahrhunderts wurde es sogar als Mittel gegen die Malaria angewendet. In der neueren Zeit ist der Andorn fast in Vergessenheit geraten. Seine Wirksamkeit bei Erkrankungen der Atemwege ist jedoch heute noch unumstritten. Andornkraut ist eine der wichtigsten Drogen in der Therapie bei Lungenerkrankungen.

Steckbrief

Kriterium	Beschreibung
Wichtige Inhaltsstoffe	Bitterstoffe, Flavonoide, ätherisches Öl
Wirkmechanismen	Steigert Magensaftsekretion (gastropulmonaler Effekt), regt Gallenfluss an, schleimlösend, auswurffördernd
Anwendung	Akute und chronische Bronchialkatarrhe, mit zähem Schleim; chronische Durchfälle, Kotwasser
Tagesdosis	20 Gramm
Kontraindikation	Keine
Indikationen	
Kommission E	Katarrhe der Luftwege, Verdauungsstörungen, Appetitlosigkeit
Einsatz in der Praxis	Chronische und akute Bronchitiden, Dämpfigkeit, Verdauungsprobleme, chronische Durchfälle, Kotwasser

Kriterium	Beschreibung
TCVM	
Beschreibung	Der Andorn gehört zu den kühlenden Drogen, die Hitze-Schleim vertreiben und Husten lindern
Meridianbezug	Lunge, Milz, Leber
Energetik	Bitter, etwas scharf
Therapeutische Eigenschaften	Zerteilt zähen Schleim der Lunge; regt Magensaftsekretion an; tonisiert und reguliert Chi der Mitte

9 Drogen mit Gerbstoffen

Gerbstoffe sind verschiedene chemische Verbindungen, von denen die wichtigsten die Tannine, die Lamiaceen-Gerbstoffe und die Catechine sind.

Mithilfe von Gerbstoffen können Tierhäute zu Leder verarbeitet werden. Die Gerbstoffe fällen das Eiweiß der obersten Gewebsschichten aus (adstringierende Wirkung) und es bildet sich eine derbe, fest zusammengefügte Schicht von Eiweißen (Koagulationsmembran). Die Koagulationsmembran verhindert das weitere Eindringen von schädlichen Toxinen, Bakterien, Pilzen und Viren (antimikrobielle Wirkung). Die feinsten Nervenendigungen in der Haut werden blockiert und dadurch ergibt sich auch eine juckreizstillende und entzündungshemmende Wirkung.

Kaut man Gerbstoffe, empfindet man im Mund ein trockenes, taubes Gefühl. Dies entsteht, weil die im Speichel gelösten Eiweiße ausgefällt werden.

Eichenrinde – Quercus cortex

Dioskurides berichtete über die heilende Kraft der Eiche. Er beschrieb sie als adstringierend und austrocknend. Er verordnete Eichenrinde bei Magenbeschwerden, Dysenterie und Blutspeien. Im Mittelalter wurde ein Aufguss aus den Blättern gegen Ruhr, Blutharnen und Weißfluss verwendet. Vom 19. Jahrhundert an bis in die Neuzeit fand die Eichenrinde Anwendung bei auszehrenden Krankheiten, fauligen Geschwüren, Wechselfieber und bei Hodengeschwülsten.

Steckbrief

Kriterium	Beschreibung
Wichtige Inhaltsstoffe	Catechin-Gerbstoffe
Wirkmechanismen	Adstringierend, entzündungshemmend, antiviral, anthelminthisch
Anwendung	Chronische Diarrhö, Enteritis, Blutungen, lokale Anwendung bei Geschwüren, Ekzemen und trockener Haut
Tagesdosis	13 Gramm, 100 g Rinde von jungen Trieben auf 1 Liter Wasser kalt ansetzen und einmal aufkochen lassen; TCM-Tinktur äußerlich: 1 : 4, d. h. 1 Teil Eichenrinde mit 4 Teilen 70%igem Alkohol ansetzen
Kontraindikation	Keine
Indikationen	
Kommission E	Entzündliche Hauterkrankungen; unspezifische akute Durchfallerkrankungen
Einsatz in der Praxis	Entzündliche Hauterkrankungen; Durchfallerkrankungen, Kotwasser

Kriterium	Beschreibung
TCVM	
Beschreibung	Eichenrinde gehört zu den Kräutern, die Blutung stillen
Meridianbezug	Milz, Dickdarm, Dünndarm, Niere
Energetik	Kühl, adstringierend, bitter
Therapeutische Eigenschaften	Adstringierend; Blutungen und Ausfluss beendend; trocknet Feuchtigkeit

Brombeerblätter – Rubi fruticosi folium

Hippokrates erwähnte in seinen Schriften die Brombeerblätter als Arzneimittel gegen eiternde und leicht blutende Wunden. Von der Antike bis ins Mittelalter wurden die Brombeerblätter zur Festigung des Zahnfleisches und der Zähne, gegen Durchfall, Geschwüre und Hauterkrankungen verwendet. In der Volksmedizin war die Brombeere, und zwar sowohl das getrocknete Laub als auch die getrockneten Beeren, ein beliebtes Mittel gegen bakterielle Darminfektionen, Durchfälle und Weißfluss.

Steckbrief

Kriterium	Beschreibung
Wichtige Inhaltsstoffe	Gerbstoffe (Gallotannine), Fruchtsäuren
Wirkmechanismen	Adstringierend, antidiarrhoisch
Anwendung	Entzündung von Haut und Schleimhäuten; blutige Diarrhö, Geburtsvorbereitung (Bänder und Cervix)
Tagesdosis	20 Gramm, **äußerlich:** 40 Gramm mit 1 Liter heißem Wasser überbrühen, 10 Minuten ziehen lassen
Kontraindikation	Keine
Indikationen	
Kommission E	Entzündungen der Mund- und Rachenschleimhaut; unspezifische, akute Durchfallerkrankungen
Einsatz in der Praxis	Ekzeme; unspezifische Durchfallerkrankungen
TCVM	
Beschreibung	Brombeerblätter gehören zu den Drogen, die halten, stabilisieren und adstringieren
Meridianbezug	Milz
Energetik	Kühl, zusammenziehend
Therapeutische Eigenschaften	Stoppt Blutungen und Ausflüsse; lokales Adstringens

Gänsefingerkraut – Anserinae herba

Das Gänsefingerkraut wurde erst im Mittelalter ausführlich beschrieben. Verwendet wurde es gegen die Ruhr, Blutungen, Weißfluss, Zahnschmerzen, Glieder- und Hüftschmerzen, Nasenbluten und unreine Haut. Pfarrer Kneipp benutzte Anserina gegen Cholera und jede Art von Krämpfen. Im ersten Weltkrieg behandelte man die Soldaten damit gegen die Ruhr.

Steckbrief

Kriterium	Beschreibung
Wichtige Inhaltsstoffe	Tannine, Flavonoide
Wirkmechanismen	Adstringierend und krampflösend
Anwendung	Koliken, ausgelöst durch Krämpfe der glatten Muskulatur, blutige Diarrhö
Tagesdosis	20 Gramm
Kontraindikation	Keine
Indikationen	
Kommission E	Entzündungen im Bereich der Mund- und Rachenschleimhaut; unspezifische Durchfallerkrankungen
Einsatz in der Praxis	Ekzeme; unspezifische Durchfallerkrankungen
TCVM	
Beschreibung	Gänsefingerkraut gehört zu den Drogen, die halten, stabilisieren und adstringieren
Meridianbezug	Herz, Leber, Lunge, Magen, Dickdarm, Dünndarm
Energetik	Kühl, adstringierend
Therapeutische Eigenschaften	Reguliert Chi-Stagnation; stillt Blutungen; leitet Feuchte-Hitze ab

Tormentillwurzelstock (Blutwurz) – Tormentillae rhizoma

Von alters her war der Blutwurz als Heilmittel sehr geschätzt. Vor allem wegen seiner stark adstringierenden Wirkung war er das Mittel der Wahl bei Durchfallerkrankungen. Darüber hinaus fand die Wurzel Verwendung bei Halsproblemen und bei der Stillung von Blutungen im Fall von Schnittverletzungen. Der Engländer Culpepper schrieb im 16. Jahrhundert über den Tormentill, dass er alle Blutflüsse stoppe und zum Ausschwitzen aller Gifte von Pest, Fieber und allen anderen ansteckenden Krankheiten Verwendung findet. Die Pflanze sei Bestandteil fast aller Gegengifte.

Steckbrief

Kriterium	Beschreibung
Wichtige Inhaltsstoffe	Catechin-Gerbstoffe, Gallotannine
Wirkmechanismen	Adstringierend, antimikrobiell, antiallergisch, immunstimulierend, antiviral und Interferon stimulierende Wirkung
Anwendung	Diarrhö, Enteritis, Blut im Kot, **äußerlich:** nässende, blutende, allergische Entzündungen
Tagesdosis	20 Gramm, 150 g in 1 Liter Wasser kalt ansetzen und aufkochen
Kontraindikation	Keine
Indikationen	
Kommission E	Schleimhautentzündungen im Mund- und Rachenraum; akute Durchfallerkrankungen
Einsatz in der Praxis	Schlecht heilende Wunden; Ekzeme; unspezifische Durchfallerkrankungen

Kriterium	Beschreibung
TCVM	
Beschreibung	Blutwurzel gehört zu den Drogen, die halten, stabilisieren und adstringieren
Meridianbezug	Milz, Magen
Energetik	Kühl, adstringierend, leicht bitter
Therapeutische Eigenschaften	Adstringierend, blutstillend, unterstützt Milz-Chi

Walnussblätter – Juglandis folium

Der Walnussbaum kam mit den Römern nach Deutschland. Unter Karl dem Großen wurde er in den Klostergärten kultiviert. Die Schalen und Blätter wurden zum Stoppen von Blutfluss und als Entzündungshemmer verwendet. Im Laufe der Jahrhunderte wurden die Indikationen erweitert auf die Behandlung von Hautgeschwüren und sogar von Karies.

Steckbrief

Kriterium	Beschreibung
Wichtige Inhaltsstoffe	Gerbstoffe (Tannine), Juglon
Wirkmechanismen	Adstringierend, fungistatisch
Anwendung	Untergewicht, Schwäche von Dickdarm und Lunge
Tagesdosis	Keine
Kontraindikation	Keine
Indikationen	
Kommission E	Oberflächliche Entzündungen der Haut, übermäßige Schweißabsonderung; akute Durchfallerkrankungen
Einsatz in der Praxis	Ekzeme, Entzündungen der Haut, übermäßige Schweißabsonderung; Anwendung nur äußerlich, dazu 30 Gramm getrocknete Blätter oder 100 Gramm frische Blätter kalt ansetzen, kurz aufkochen und abkühlen lassen, dann die Blätter abpressen
TCVM	
Beschreibung	In der TCVM wird nur die Walnuss, Juglandis semen verwendet; sie gehört zu den Yang-Tonika
Meridianbezug	Lunge, Niere
Energetik	Süß, warm
Therapeutische Eigenschaften	Nährendes Tonikum

10 Drogen mit Glykosiden

Glykoside sind organische Verbindungen, die aus einem Zucker und einem Nichtzuckeranteil, dem Aglykon, bestehen. Das Aglykon bestimmt die Wirkung.

Man kann die Glykosiddrogen einteilen in:

- Drogen mit Phenolglykosiden (▸ Kap. 10.1)
- Drogen mit Flavonglykosiden (▸ Kap. 10.2)
- Drogen mit Saponinglykosiden (▸ Kap. 10.3)
- Drogen mit Anthracenglykosiden (▸ Kap. 10.4)
- Drogen mit herzwirksamen Glykosiden (▸ Kap. 10.5)
- Drogen mit Senfölglykosiden (Glucosinolate, siehe Kapuzinerkresse)

10.1 Drogen mit Phenolglykosiden

Weidenrinde – Salicis cortex

Die Weide wurde im Altertum als Heilmittel verwendet. Bemerkenswert ist, dass damals die Weidenrinde, zusammen mit Wein und Pfeffer genossen, die Empfängnis verhüten sollte. Im Mittelalter bis in die Neuzeit wurde die Weidenrinde gegen Augen- und Ohrenleiden und gegen Blutspeien eingesetzt. Hufeland verwendete sie als Ersatz für die Chinarinde und als Adstringens. In England behandelte man mit einem Dekokt aus Weidenrinde hartnäckige Hauterkrankungen und Geschwüre. Aus der Weidenrinde wurde die Salicylsäure isoliert, aus der das heutige Aspirin entstand. Der Hauptwirkstoff Salicin der Weidenrinde wird zu 80 % resorbiert und erst in der Leber zu Salicylsäure metabolisiert. Es gibt also keine Nebenwirkungen, die die Magen-Darm-Funktionen beeinträchtigen.

Steckbrief

Kriterium	Beschreibung
Wichtige Inhaltsstoffe	Phenolglykosid Salicin
Wirkmechanismen	Antipyretisch, analgetisch, antiphlogistisch (COX-Hemmer)
Anwendung	Fieber, Schmerzen, Harnwegsinfekte, Entzündungen im Verdauungstrakt, rheumatischer Formenkreis
Tagesdosis	30 Gramm
Kontraindikation	Keine
Indikationen	
Kommission E	Fieberhafte Erkrankungen, rheumatische Beschwerden, Kopfschmerzen
Einsatz in der Praxis	Erkrankungen des rheumatischen Formenkreises, fieberhafte Erkrankungen, chronische Schmerzzustände, Entzündungen der Sehnen und Gelenke, chronische Arthrosen

Kriterium	Beschreibung
TCVM	
Beschreibung	Weidenrinde gehört zu den Drogen, die Wind-Feuchtigkeit und Hitze ableiten
Meridianbezug	Blase, Niere, Dickdarm, Magen
Energetik	Bitter, adstringierend, kühl
Therapeutische Eigenschaften	Zerstreut und leitet Wind-Hitze und Feuchtigkeit ab; senkt das Fieber; kühlt und trocknet Feuchte-Hitze in Blase und Magen-Darm-Trakt

Pappelrinde – Populi cortex

Die Pappel wurde im Altertum gegen Hüftgelenksprobleme, Ohrenschmerzen und Harnträufeln verwendet. Aus den Pappelknospen wurde eine Essenz hergestellt, mit der Wunden behandelt wurden und die bei langwierigen Durchfällen, Tripper und Weißfluss eingenommen wurde. In der Neuzeit wird die Pappelrinde in Kombinationspräparaten gegen Prostatabeschwerden eingesetzt.

Steckbrief

Kriterium	Beschreibung
Wichtige Inhaltsstoffe	Phenolglykoside, z. B. Salicin und Salicortin
Wirkmechanismen	Analgetisch, antiphlogistisch (COX-Hemmer)
Anwendung	Chronische Blasenentzündung; Gastritis, Enteritis mit Diarrhö; Muskelentzündungen
Tagesdosis	40 Gramm, in der TCM nur als Infus (Tee): 25 Gramm auf 1 Liter Wasser kalt ansetzen und aufkochen
Kontraindikation	Keine
Indikationen	
Kommission E	Pappelrinde wird negativ bewertet, das heißt, es liegen keine gesicherten Ergebnisse für die Wirksamkeit der Einzeldroge vor. Eine Wirksamkeit in Kombinationspräparaten wird aber beschrieben.
Einsatz in der Praxis	Chronische Schmerzzustände, Erkrankungen des rheumatischen Formenkreises, Entzündungen der Sehnen und Gelenke, chronische Arthrosen

Kriterium	Beschreibung
TCVM	
Beschreibung	Pappelrinde leitet die Wind-Feuchtigkeit und die Hitze ab
Meridianbezug	Magen, Blase
Energetik	Kühl, bitter, leicht scharf
Therapeutische Eigenschaften	Leitet Feuchte-Hitze in Blase, Magen und Darm ab; leitet Hitze der Oberfläche ab

10.2 Drogen mit Flavonglykosiden

Die wohl größte Gruppe unter den Glykosiddrogen sind die Drogen mit Flavonoiden. Diese Drogen haben sehr unterschiedliche chemische Strukturen und deshalb auch sehr unterschiedliche Wirkungen. Allen gemeinsam ist aber, dass sie stimulierend auf das Immunsystem wirken und so gegen Bakterien und Viren wirksam sind. Sie helfen jedoch auch mit großem Erfolg bei der Behandlung von Herz-, Nieren- und Leberproblemen. Die entzündungshemmende Wirkung ist unbestritten. Einige dieser Drogen werden von alters her mit Erfolg zur Beruhigung des Nervensystems eingesetzt.

Birkenblätter – Betulae folium

In der Antike waren Produkte aus der Birke als Heilmittel nicht bekannt. Erst Hildegard von Bingen erwähnt die Birkenrinde als Mittel zum Wundverschluss. Andere Autoren aus dieser Zeit beschrieben die Heilmittel aus der Birke als harntreibend und bei allen Leiden die im Zusammenhang mit der Verstopfung der Säfte und der Gefäße stehen.

Steckbrief

Kriterium	Beschreibung
Wichtige Inhaltsstoffe	Flavonglykoside
Wirkmechanismen	Aquaretisch
Anwendung	Rheumatischer Formenkreis, bakterielle und entzündliche Infektionen des Harnapparats: **äußerlich:** Ekzeme
Tagesdosis	20 Gramm, **äußerlich:** in der TCM für äußerliche Anwendung 40 Gramm mit 1 Liter Wasser aufbrühen
Kontraindikation	Keine
Indikationen	
Kommission E	Zur Durchspülung der ableitenden Harnwege bei bakteriellen und entzündlichen Erkrankungen und bei Nierengrieß; zur unterstützenden Behandlung rheumatischer Erkrankungen
Einsatz in der Praxis	Als harntreibendes Mittel zum Durchspülen bei Erkrankungen der Niere und harnableitenden Wege

Kriterium	Beschreibung
TCVM	
Beschreibung	Birkenblätter gehören zu den Kräutern, die kühlen; Hitze-Schleim vertreiben und Husten lindern
Meridianbezug	Leber, Blase, Niere
Energetik	Kühl, leicht bitter, scharf
Therapeutische Eigenschaften	Kühlt Hitze; leitet Feuchtigkeit aus; kühlt Feuchte-Hitze in der Blase

Holunderblüten – Sambuci flos

Im 5. Jahrhundert vor Christus wurde der Holunder als abführendes, wassertreibendes und gynäkologisches Mittel genannt. Im Mittelalter finden wir den Holunder als Abführmittel, Diuretikum, Fiebermittel, als Leber und Milz reinigendes und magenstärkendes Mittel beschrieben. Hufeland verordnete die Droge als Gurgelwasser und Mittel gegen Erkrankungen der Atmungsorgane. Der Holunder wurde in Europa sehr vielseitig eingesetzt. Neben den Blüten wurden auch die vom Kork befreite Rinde, junge getrocknete Blätter, die getrockneten Wurzeln und die frische Rinde junger Zweige verwendet.

Steckbrief

Kriterium	Beschreibung
Wichtige Inhaltsstoffe	Flavonglykoside
Wirkmechanismen	Steigert die Bronchialsekretion
Anwendung	Allergische Reaktionen, Infekte, Bronchitis, Harngrieß
Tagesdosis	45 Gramm
Kontraindikation	Keine
Indikationen	
Kommission E	Erkältungskrankheiten
Einsatz in der Praxis	Fieberhafte Erkältung, schleimige Bronchitis, produktiver Husten
TCVM	
Beschreibung	Holunder gehört zu den Drogen, die kühlen und Wind-Hitze zerstreuen
Meridianbezug	Lunge, Blase
Energetik	Kühl, leicht süß, leicht aromatisch
Therapeutische Eigenschaften	Leitet Hitze-Schleim der Lunge ab, diuretisch, befreit Oberfläche von Wind und Hitze; senkt Lungen-Chi

Mariendistelfrüchte – Silybi mariani fructus

Bei Dioskurides (1. Jahrhundert nach Christus) war die Mariendistel ein Mittel für Heranwachsende mit Sehnenproblemen. In alten sächsischen Kräuterbüchern heißt es, dass die Mariendistel, um den Hals getragen, Schlangen verscheuche. Die Mariendistel wurde damals schon gegen Gallenleiden und Gelbsucht und auch als Schleimlöser bei Katarrh und Brustfellentzündung angewendet.

Die Bezeichnung Mariendistelfrüchte mag etwas ungewöhnlich sein, ist aber die korrekte lateinische Übersetzung. Im Handel und im allgemeinen Umgang jedoch, ist die Bezeichnung Mariendistelsamen gebräuchlich.

Steckbrief

Kriterium	Beschreibung
Wichtige Inhaltsstoffe	Flavonglykoside (Silymarin, Silibinin)
Wirkmechanismen	Hepatoprotektiv, stimuliert die Regeneration der Leber
Anwendung	Leberfunktionsstörungen
Tagesdosis	25 Gramm
Kontraindikation	Keine
Indikationen	
Kommission E	Dyspeptische Beschwerden, toxische Leberschäden, Behandlung chronisch-entzündlicher Leber-erkrankungen, Leberzirrhose
Einsatz in der Praxis	Lebererkrankungen aller Art (außer Leberegel)
TCVM	
Beschreibung	Mariendistel gehört zu den Chi regulierenden Kräutern
Meridianbezug	Leber, Gallenblase, Milz

Kriterium	Beschreibung
Energetik	Warm, bitter, etwas scharf
Therapeutische Eigenschaften	Bewegt, entgiftet und tonisiert die Leber; stärkt das Leber-Chi

Ginkgoblätter – Ginkgo folium

Der aus Asien stammende Ginkgobaum wurde dort schon im Altertum medizinisch genutzt. Nach Deutschland kam er erst Ende des 18. Jahrhunderts. Wegen seiner Widerstandsfähigkeit, einzelne Bäume sollen sogar die Atombombe in Hiroshima überlebt haben, wird er heute oft als Straßenbaum gepflanzt. Die durchblutungsfördernde Wirkung der Blätter wurde erst in unserer Zeit entdeckt. Heute ist der Extrakt aus Ginkgoblättern eines der am meisten benutzten Phytotherapeutika.

Steckbrief

Kriterium	Beschreibung
Wichtige Inhaltsstoffe	Flavonglykoside, Ginkgolide, Ginkgolsäuren
Wirkmechanismen	Durchblutungsfördernd, vor allem im Bereich der Mikrozirkulation; antioxidativ (= Radikalfänger); membranstabilisierend, Abbau von Plaques in den Blutgefäßen
Anwendung	Durchblutungsstörungen, Hufrehe, Leistungsdepression, COB, Atemnot
Tagesdosis	16 Gramm. Nach den neuesten Erkenntnissen soll die Gabe von getrockneten Blättern (Ginkgo folium pulvis) keinen therapeutischen Effekt haben. Dies deckt sich jedoch nicht mit meinen persönlichen Erfahrungen.
Kontraindikation	Keine
Indikationen	
Kommission E	Förderung der Durchblutung; Verbesserung der Fließeigenschaften des Blutes; Inaktivierung toxischer Sauerstoffradikale
Einsatz in der Praxis	Zentrale und periphere Durchblutungsstörungen, Hufrehe, Leistungsdepressionen, Altersbeschwerden

Kriterium	Beschreibung
TCVM	
Beschreibung	Gingkoblätter gehören zu den Blut bewegenden Kräutern
Meridianbezug	Lunge, Herz
Energetik	Neutral, süß, herb adstringierend
Therapeutische Eigenschaften	Fördert Durchblutung, bewegt Herz und Blut; stärkt Lungen- und Herz-Chi

Lindenblüten – Tiliae flos

Im Altertum, im Mittelalter und bis zum Beginn der Neuzeit kannte man die Wirkung der Lindenblüten noch nicht. Erst im 18. Jahrhundert wurde eine Wirkung als schmerzstillendes, zerteilendes und stärkendes Mittel gegen Schwindel, Schlagflüsse und Gicht beschrieben. Kneipp verordnete den Lindenblütentee bei Husten, Verschleimung der Lunge, der Luftröhre und der Nase.

Steckbrief

Kriterium	Beschreibung
Wichtige Inhaltsstoffe	Flavonglykoside, ätherisches Öl
Wirkmechanismen	Diaphoretisch
Anwendung	Fieber, chronischer Husten mit Schleim, entzündliches Rheuma, Ischialgie
Tagesdosis	18 Gramm
Kontraindikation	Keine
Indikationen	
Kommission E	Erkältungskrankheiten und damit verbundener Husten
Einsatz in der Praxis	Fieberhafte Erkältungskrankheiten, Reizhusten
TCVM	
Beschreibung	Lindenblüten gehören zu den kühlenden Kräutern, die Wind-Hitze zerstreuen
Meridianbezug	Lunge, Blase, Milz, Leber, Herz
Energetik	Leicht kühl, süß
Therapeutische Eigenschaften	Schleim ableitend; Husten stillend; senkt Le-Yang und inneren Wind; wirkt diuretisch und kühlt Hitze

Weißdornblätter mit Blüten – Crataegi folium cum flore

Der Weißdorn wird erst im 13. Jahrhundert als Mittel gegen Gicht erwähnt. Im 19. Jahrhundert wendete ein irischer Arzt Weißdorn erfolgreich gegen Herzbeschwerden an. Daraus entwickelte sich dann der Einsatz als beruhigendes Mittel auf Herz-, Nerven- und Kreislaufsystem.

Steckbrief

Kriterium	Beschreibung
Wichtige Inhaltsstoffe	Flavonglykoside, Proanthocyanidine, biogene Amine
Wirkmechanismen	Positiv inotrop, kardioprotektiv
Anwendung	Herzinsuffizienz
Tagesdosis	20 Gramm
Kontraindikation	Keine
Indikationen	
Kommission E	Nachlassende Leistungsfähigkeit des Herzens
Einsatz in der Praxis	Leichte Herzinsuffizienz, Durchblutungsstörungen
TCVM	
Beschreibung	Weißdornblätter und Blüten gehören zu den Drogen, die sedieren und den Geist beruhigen
Meridianbezug	Herz, Milz, Magen, Leber
Energetik	Sauer, süß, kühl
Therapeutische Eigenschaften	Tonisiert, bewegt und stabilisiert das Herz-Chi

Selleriesamen – Apii fructus

Im Altertum verwendete man Sellerie gegen erhitzten Magen, Verhärtung der Brüste und zum „Treiben des Urins". Als Hauptindikation galt bis heute die harntreibende Wirkung. Daneben war man im Altertum und im Mittelalter der Meinung, das Mittel vertreibe die Melancholie. In der Volksmedizin gilt der Sellerie als Aphrodisiakum.

Steckbrief

Kriterium	Beschreibung
Wichtige Inhaltsstoffe	Flavonglykoside, z. B. Apiin und Furanocumarine
Wirkmechanismen	Diuretisch, antiphlogistisch
Anwendung	Chronische Nieren-und Blasenprobleme, Arthrose, muskuläre Probleme
Tagesdosis	18 Gramm
Kontraindikation	Nicht verabreichen während der Trächtigkeit!
Indikationen	
Kommission E	Harntreibendes Mittel, Regulierung des Stuhlgangs, rheumatische Beschwerden, Gicht. Die Wirksamkeit ist jedoch wissenschaftlich nicht belegt.
Einsatz in der Praxis	Arthrose, Hufrehe, Nierenleiden
TCVM	
Beschreibung	Selleriesamen gehören zu den Yang-Tonika
Meridianbezug	Niere, Blase, Leber, Magen
Energetik	Neutral, scharf, würzig
Therapeutische Eigenschaften	Reguliert und bewegt das Chi; unterstützt das Chi und Yang der Niere; leitet Nässe-Hitze von der Blase ab

Steinkleekraut – Meliloti herba

Hippokrates (400 vor Christus) erwähnte den Steinklee als zusammenziehendes und erweichendes Mittel gegen Geschwüre der Augen, des Afters und der Geschlechtsorgane. Innerlich wurde er bei Magenschmerzen und Leberleiden verordnet. Im Mittelalter wurde die Indikation erweitert auf Mittel gegen Hautkrankheiten, Magen- und Kopfschmerzen und als Kolikmittel.

Steckbrief

Kriterium	Beschreibung
Wichtige Inhaltsstoffe	Flavonglykoside, Zimtsäureglykoside, Cumarin
Wirkmechanismen	Antiphlogistisch, antiexsudativ, antiödematös; durchblutungsfördernd durch die Zunahme des venösen Rückflusses; Verbesserung der Lymphkinetik
Anwendung	Lymphstau, Lymphödeme, Thrombophlebitis Stauungsödeme (angelaufene Beine, nach Bewegung besser)
Tagesdosis	3 Gramm
Kontraindikation	Keine
Indikationen	
Kommission E	Bei chronisch venöser Insuffizienz; Lymphstau
Einsatz in der Praxis	Hufrehe, Durchblutungsstörungen, Thrombophlebitis, Lymphstau, „angelaufene Beine"
TCVM	
Beschreibung	Steinklee gehört zu den Blut bewegenden Drogen
Meridianbezug	Herz, Leber, Magen
Energetik	Neutral, scharf, würzig
Therapeutische Eigenschaften	Lindert Schmerzen, erweicht Geschwüre und Schwellungen, bewegt Blut, Schleim und Feuchtigkeit

Kapuzinerkressenkraut – Tropaeoli herba

Die Kapuzinerkresse wurde im 17. Jahrhundert von Peru nach Europa gebracht und fand so den Weg auch in die europäischen Arzneibücher. Blatt, Blüte und Früchte wurden gegen Skorbut, gegen Katarrhe und Blähungen verwendet. Ende des letzten Jahrhunderts entdeckte man die antibiotische Wirksamkeit.
In der chinesischen Medizin ist die Kapuzinerkresse nicht bekannt.

Steckbrief

Kriterium	Beschreibung
Wichtige Inhaltsstoffe	Flavonglykoside, Senfölglykoside, Carotinoide, Vitamine B und C
Wirkmechanismen	Wirkt gegen Bakterien, Viren und Pilze; Senfölglykoside werden hauptsächlich in der Atemluft und im Harn angereichert und über diese ausgeschieden.
Anwendung	**Äußerlich:** hyperämisierend, Einsatz bei infektiösen Erkrankungen der Lunge und der Harnwege; Pilzerkrankungen; als Immunstimulans (Flavonoide)
Tagesdosis	10 Gramm
Kontraindikation	Keine
Indikationen	
Kommission E	Harnwegsinfektionen und Katarrhe der Luftwege
Einsatz in der Praxis	Als Breiumschlag hyperämisierend; infektiöse Erkrankungen der Lunge und der Harnwege, Pilzerkrankungen, stimuliert Immunsystem

10.3 Drogen mit Saponinglykosiden

Die meisten Drogen aus der Gruppe der Saponinglykosiden wirken schleimlösend und auswurffördernd. Über die Reizung der Magenschleimhaut (Reizung des Vagusnervs wie bei den Bitterstoffdrogen, gastropulmonaler Effekt) werden reflektorisch die schleimproduzierenden Drüsen der Bronchien stimuliert. Der Wassertransport in die Bronchien wird gesteigert und es kommt zur Verflüssigung des zähen Lungensekrets. Ein weiterer Vorteil der Saponine ist die bakterizide und viruzide Wirkung. Die Dosierungen müssen bei den Saponindrogen peinlichst genau beachtet werden. Eine Überdosierung kann zu Hämolyse, also zur Zerstörung der roten Blutkörperchen, führen.

Efeublätter – Hederae helicis folium

Der Efeu war in der Antike die heilige Pflanze der Götter Dionysos und Bacchus. Sie wurden mit efeubekränzter Stirn dargestellt. Die Menschen banden sich den Efeu um die Stirn, um nicht betrunken zu werden. Hippokrates beschreibt den Efeu als Therapeutikum zum innerlichen und äußerlichen Gebrauch. Im Mittelalter verwendete man die Efeublätter gegen Durchfall, als harntreibendes Mittel und als Mittel zur Wundheilung. In der Volksmedizin war es ein Allroundmittel und wurde bei inneren und äußerlichen Beschwerden, Ruhr, Milz- und Nierenerkrankungen, bis hin zu Frauenleiden und Zahnschmerzen verwendet.

Steckbrief

Kriterium	Beschreibung
Wichtige Inhaltsstoffe	Saponinglykoside
Wirkmechanismen	Antiviral, antibakteriell, sekretolytisch, expektorierend, spasmolytisch
Anwendung	Atemwegserkrankungen mit zähem, grüngelben Schleim, COB
Tagesdosis	1,5 Gramm, in Worten: eins Komma fünf Gramm für ein 500 kg schweres Pferd!
Kontraindikation	Keine
Indikationen	
Kommission E	Katarrhe der Luftwege, chronisch-entzündliche Bronchialerkrankungen
Einsatz in der Praxis	Chronisch-entzündliche Bronchialerkrankungen
TCVM	
Beschreibung	Efeu gehört zu den kühlenden Kräutern, die Hitze-Schleim vertreiben und Husten lindern
Meridianbezug	Lunge, Leber

Kriterium	Beschreibung
Energetik	Kühl, leicht scharf und bitter
Therapeutische Eigenschaften	Zerteilt zähen Hitze-Schleim der Lunge

Süßholzwurzel – Liquiritiae radix

Bei den alten Griechen war die Süßholzwurzel als skythische Wurzel bekannt und mit ihr wurden Husten und Atemwegserkrankungen behandelt. Durch alle Jahrhunderte hindurch wurde Süßholz in fast allen Kräuterbüchern als Heilmittel beschrieben. Angewendet wurde die Wurzel hauptsächlich bei Atemwegsbeschwerden, besonders Bronchitis und Laryngitis. Es wurden jedoch auch Harnwegsinfektionen und sogar Tuberkulose mit Süßholzwurzeln behandelt.

Steckbrief

Kriterium	Beschreibung
Wichtige Inhaltsstoffe	Saponinglykoside, z. B. Glycyrrhizin, Cumarine, wenig ätherisches Öl
Wirkmechanismen	Expektorierend und sekretolytisch, ulkusprotektiv
Anwendung	Stärkt die Verdauung und den Magen, wirkt gegen die Trockenheit der Lunge; mit Honig geröstet verbessert sie den allgemeinen Energiezustand; wirkt entgiftend bei Arzneimittelbelastungen
Tagesdosis	25 Gramm
Kontraindikation	Keine
Indikationen	
Kommission E	Katarrhe der oberen Luftwege, Magen- und Darmgeschwüre
Einsatz in der Praxis	Katarrhe der oberen Atemwege, produktive Bronchitis, chronische Erkrankungen im Magen-Darm-Trakt; wichtigstes Mittel bei Magengeschwüren

Kriterium	Beschreibung
TCVM	
Beschreibung	Süßholzwurzel gehört zu den Chi-Tonika
Meridianbezug	Alle Meridiane, hauptsächlich aber Magen, Lunge, Milz
Energetik	Süß, neutral, kühl
Therapeutische Eigenschaften	Tonisiert Milz und Magen-Chi; puffert die Wirkung anderer Kräuter ab, mildert deren Geschmack und auch, wenn erforderlich, deren Toxizität ab

10.4 Drogen mit Anthracenglykosiden

Die Anthracenglykoside gelangen unverdaut und ungespalten in den Dickdarm. Erst dort werden sie aufgespalten in Zucker und die wirksamen Anthrone. Diese hemmen die Rückresorption von Wasser und Elektrolyten. Aus diesem Grund sezerniert der Körper jetzt mehr Wasser in den Dickdarm und der Darminhalt wird voluminöser. Durch den Reiz auf die Dehnungsrezeptoren wird die Darmtätigkeit angeregt.

Sennesblätter – Sennae folium

Die ersten Berichte über die Anwendung von Sennesblättern stammen aus der arabischen Welt des 8. Jahrhunderts. Im Europäischen Raum wurden die Blätter bis ins 19. Jahrhundert zum „Ableiten schlechter Säfte" verwendet. Ab Mitte des 19. Jahrhunderts wurde Senna offiziell als Abführmittel in verschiedenen Arzneibüchern geführt.

Steckbrief

Kriterium	Beschreibung
Wichtige Inhaltsstoffe	Anthracenglykoside (Sennoside)
Wirkmechanismen	Hemmen die Resorption von Wasser und Elektrolyten aus dem Dickdarm; dadurch vermehrte Kontraktion und Motorik im Darm
Anwendung	Chronische und akute Obstipation; Gallenblasenprobleme, „Darmreinigung bzw. Entgiftung"
Tagesdosis	7 Gramm
Kontraindikation	Keine
Indikationen	
Kommission E	Obstipation
Einsatz in der Praxis	Obstipation, Darmreinigung
TCVM	
Beschreibung	Sennesblätter gehören zu den Stuhlgang stimulierenden Drogen
Meridianbezug	Dickdarm
Energetik	Kühl, bitter, süß
Therapeutische Eigenschaften	Klärt die Hitze und laxiert

Faulbaumrinde – Frangulae cortex

Erst ab dem 17. Jahrhundert wurde die Faulbaumrinde als Abführmittel genutzt. Aus der Zeit vorher ist die Verwendung als Heilmittel nicht bekannt.

Steckbrief

Kriterium	Beschreibung
Wichtige Inhaltsstoffe	Anthracenglykoside
Wirkmechanismen	Sorgt für aktive Sekretion von Wasser und Elektrolyten in das Darmlumen; Anregung der Darmperistaltik und der Kontraktion durch Volumenzunahme und Verflüssigung
Anwendung	Obstipationen; subklinische Koliken; allgemeine Verdauungsstörungen
Tagesdosis	9 Gramm
Kontraindikation	Keine
Indikationen	
Kommission E	Obstipation
Einsatz in der Praxis	Obstipation, zu kleine harte Kotballen
TCVM	
Beschreibung	Faulbaumrinde gehört zu den abführenden und den Stuhlgang stimulierenden Drogen
Meridianbezug	Leber, Gallenblase, Magen, Dünndarm, Dickdarm
Energetik	Kalt, bitter, leicht adstringierend
Therapeutische Eigenschaften	Reguliert das Chi der Leber und der Gallenblase

Rhabarberwurzel – Rhei radix

Lange vor unserer Zeitrechnung benutzte man in China den Rhabarber. Erst im 12. Jahrhundert wurde er von den Arabern über Indien nach Europa gebracht. Im 16. Jahrhundert bekamen die Russen das Monopol auf den Handel mit Rhabarber und erst Mitte des 19. Jahrhunderts gelang es einem Holländer, einige Samen zu bekommen. In den einschlägigen Kräuterbüchern, vom Mittelalter bis ins 19. Jahrhundert, wurde der Rhabarber als Laxans und als Mittel zur Reinigung und Stärkung von Leber und Milz beschrieben. Ab dem 19. Jahrhundert wird die Droge hauptsächlich als abführendes Mittel verwendet.

Steckbrief

Kriterium	Beschreibung
Wichtige Inhaltsstoffe	Anthracenglykoside
Wirkmechanismen	Fördert die Sekretion von Wasser in das Darmlumen, verhindert das Eindringen von Toxinen in die Darmwand
Anwendung	Obstipation, Dysenterie, Magen- und Darmgeschwüre
Tagesdosis	Als Abführmittel 12 Gramm, als verdauungsanregendes Mittel 4 Gramm
Kontraindikation	Keine bekannt
Indikationen	
Kommission E	Obstipationen
Einsatz in der Praxis	Obstipationen, Kotverhalten, harte, kleine und trockene Kotballen

Kriterium	Beschreibung
TCVM	
Beschreibung	Rhabarberwurzel gehört zu den Drogen, die abführen und den Stuhlgang regulieren
Meridianbezug	Dickdarm, Dünndarm, Leber, Gallenblase, Milz, Magen
Energetik	Kalt, bitter, schwach würzig
Therapeutische Eigenschaften	Wirkt laxierend und klärt die Hitze in Magen und Darmtrakt; reguliert die Darmschleimhaut

10.5 Drogen mit herzwirksamen Glykosiden

Zu dieser Gruppe gehören unter anderem die Digitalisblätter (Digitalis purpureae folium), das Adoniskraut (Adonidis herba) und das Maiglöckchenkraut (Convallariae herba). Sie seien hier nur der Vollständigkeit halber erwähnt. Ein Einsatz in der praktischen Phytotherapie ist wegen der geringen therapeutischen Breite und der nicht ausreichenden Abschätzung der Bioverfügbarkeit zu gefährlich. Hier muss auf standardisierte Fertigarzneimittel zurückgegriffen werden.

11 Schleimdrogen

Schleimdrogen bilden auf entzündeten, gereizten oder geschädigten Schleimhäuten einen Schutzfilm, der die Schleimhaut vor weiteren Reizungen und Verletzungen schützt. Viele Schleimdrogen sind milde Laxanzien, da sie Wasser aufnehmen und leicht aufquellen.

Verwendet werden diese Drogen bei entzündlichen Erkrankungen des Magen-Darm-Trakts und des Rachenraums. Schleimdrogen sind keine Sekretolytika und keine Expektoranzien, somit sind sie keine Schleimlöser und keine auswurffördernden Heilmittel. Deshalb ist ein weiteres Einsatzgebiet der trockene, bellende Husten ohne Schleimproduktion.

Eibischwurzel – Althaeae radix

In China wurde im Altertum der Eibisch als Gemüse genossen. Die Römer fertigten aus den Blättern eine Paste und behandelten damit Verletzungen durch Dornen. In Frankreich und England bereitete man aus der Wurzel eine süße Paste, die bei Halsentzündungen, Heiserkeit und Husten verordnet wurde. Mit einem Sirup aus der Eibischwurzel behandelten die Ärzte Nierenleiden.

Steckbrief

Kriterium	Beschreibung
Wichtige Inhaltsstoffe	Schleimstoffe, Stärke, Pektine, Zucker
Wirkmechanismen	Einhüllend und reizmildernd für die Schleimhäute; entzündungshemmend und immunstimulierend
Anwendung	Gastritis; Magengeschwüre; Enteritis; Kolitis; Darmblutung; chronischer, trockener, nicht produktiver Husten
Tagesdosis	25 Gramm
Kontraindikation	Keine
Indikationen	
Kommission E	Schleimhautreizungen im Mund- und Rachenraum und damit verbundener trockener Reizhusten; Entzündung der Magenschleimhaut
Einsatz in der Praxis	Trockener Reizhusten, Entzündungen der Magen-Darm-Schleimhaut; Magengeschwüre
TCVM	
Beschreibung	Eibischwurzel gehört zu den Kräutern, die das Yin nähren und befeuchten.
Meridianbezug	Lunge, Magen, Niere, Darm
Energetik	Süß, bitter, kühl
Therapeutische Eigenschaften	Kühlt und senkt die Hitze ab; nährt das Lungen-Yin; lindert Husten

Isländisches Moos – Lichen islandicus

In Island und Norwegen ist Islandmoos seit Urzeiten als Heilmittel bekannt. Im übrigen Europa wird es im 17. Jahrhundert als Abführmittel beschrieben. In späterer Zeit wurde das Moos für viele Indikationen verabreicht. Lungentuberkulose, Durchfall, Typhus, Magenprobleme und Magen- und Darmgeschwüre waren die Haupteinsatzgebiete.

Steckbrief

Kriterium	Beschreibung
Wichtige Inhaltsstoffe	Schleimstoffe, Flechtensäuren
Wirkmechanismen	Reizlindernd, einhüllend, schwach antibiotisch
Anwendung	Trockener, hartnäckiger Husten; COB, (RAO); chronische Lungenschwäche; Gastritis; Magenulcera; Roborans nach langer Erkrankung
Tagesdosis	20 Gramm
Kontraindikation	Keine
Indikationen	
Kommission E	Schleimhautreizungen im Mund- und Rachenraum; trockener Reizhusten; Appetitlosigkeit
Einsatz in der Praxis	Trockener Reizhusten durch Entzündungen im Mund- und Rachenraum, Magengeschwür
TCVM	
Beschreibung	Isländisches Moos nährt und befeuchtet das Yin
Meridianbezug	Lunge, Magen, Niere, Dickdarm, Dünndarm
Energetik	Süß, kühl
Therapeutische Eigenschaften	Nährt Lungen-, Magen- und Nieren-Yin; nährt und befeuchtet Körpersäfte

Spitzwegerichkraut – Plantaginis lanceolatae herba

Bei den griechischen und römischen Ärzten war der Wegerich eine sehr beliebte Heilpflanze und wurde bei einer Vielzahl von Krankheiten angewendet. Aber auch die alten Germanen wussten um die Wirkung als wundheilendes, blutstillendes, fiebersenkendes und Husten milderndes Mittel. Im Mittelalter stand die Anwendung als Schmerzmittel und Wundkraut im Vordergrund. Im 19. Jahrhundert verordneten die Ärzte den Spitzwegerich bei Erkrankungen der Schleimhäute der Lungen, des Magen-Darm-Trakts und der Harnwege.

Steckbrief

Kriterium	Beschreibung
Wichtige Inhaltsstoffe	Schleimstoffe, Gerbstoffe, Flavonoide, Saponine
Wirkmechanismen	Antibakteriell, epithelisierend, Beschleunigung der Blutgerinnung
Anwendung	Atemwegserkrankungen; Fieber; Entzündungen der Schleimhäute; Dysenterie mit blutigen Durchfällen, **äußerlich:** blutstillend und entzündungshemmend
Tagesdosis	23 Gramm, **äußerlich:** 40 Gramm mit 1 Liter heißem Wasser überbrühen
Kontraindikation	Keine
Indikationen	
Kommission E	Entzündliche Veränderungen der Haut; Katarrhe der Luftwege, entzündliche Veränderung der Mund- und Rachenschleimhaut
Einsatz in der Praxis	Entzündungen der Haut, Blutstillung bei Wunden, Entzündung der Atemwege (trockener Husten), Entzündungen der Mund-, Rachen- und Magenschleimhaut

Kriterium	Beschreibung
TCVM	
Beschreibung	Spitzwegerich gehört zu den kühlenden Kräutern, die Hitze-Schleim vertreiben und Husten lindern
Meridianbezug	Blase, Lunge, Magen, Dickdarm, Dünndarm
Energetik	Mild, bitter, kalt
Therapeutische Eigenschaften	Klärt Lungen-Hitze und leitet den Schleim ab; leitet feuchte Hitze aus den Därmen ab; stoppt Blutungen

Königskerzenblüten – Verbasci flos

Im Europa und Asien wurden im Altertum mit der Königskerze böse Geister vertrieben. Die Römer behandelten chronischen Husten, Durchfall, Krämpfe, Quetschungen und Zahnschmerzen mit Zubereitungen aus der Königskerze. Gegen diese Krankheiten wurde sie im Mittelalter auch bei uns verwendet. Dann geriet die Pflanze als Heilmittel in Vergessenheit und wurde erst wieder von Pfarrer Kneipp medizinisch als Hustenmittel eingesetzt.

Steckbrief

Kriterium	Beschreibung
Wichtige Inhaltsstoffe	Schleimstoffe, Flavonoide, Saponine
Wirkmechanismen	Wirkt reizlindernd auf Schleimhäute
Anwendung	Trockener Husten, zäher Schleim
Tagesdosis	18 Gramm
Kontraindikation	Keine
Indikationen	
Kommission E	Katarrhe der Luftwege
Einsatz in der Praxis	Katarrhe der Luftwege, trockener Husten
TCVM	
Beschreibung	Königskerze gehört zu den wärmenden Kräutern, die Kälte-Schleim und Schleim-Feuchtigkeit vertreiben und Husten lindern
Meridianbezug	Lunge
Energetik	Kühl, leicht scharf, leicht süß
Therapeutische Eigenschaften	Zerteilt trockenen zähen Schleim, befeuchtet und leitet ab

Leinsamen – Lini semen

Eine der ältesten Kulturpflanzen ist der Lein oder Flachs. Verwendet wurde er zur Herstellung von Kleidung und Segeltuch. Als Arzneimittel wurde er zur innerlichen Anwendung bei Katarrhen, Unterleibsschmerzen und weißem Fluss verordnet. Äußerlich verwendete man den Schleim für Kataplasmen. Im Mittelalter verlor er etwas von seiner ursprünglichen medizinischen Bedeutung. Pfarrer Kneipp setzte den Leinsamen zur Schmerzstillung und Linderung bei entzündlichen Prozessen und bei Geschwüren im Magen-Darm-Trakt ein.

Steckbrief

Kriterium	Beschreibung
Wichtige Inhaltsstoffe	Schleimstoffe, ungesättigte Fettsäuren, fettes Öl, Ballaststoffe
Wirkmechanismen	Reguliert die Darmperistaltik, laxierend, vermehrt die Bakterienflora durch die Sanierung des Darmmilieus
Anwendung	Obstipation, trockener Stuhl, trockener Husten, Gastritis, Enteritis
Tagesdosis	400 Gramm mit Wasser zu einem gallertartigen Brei verköcheln; auf zweimal verteilt füttern
Kontraindikation	Keine
Indikationen	
Kommission E	Gastritis, Enteritis, Obstipation; als Kataplasma bei lokalen Entzündungen
Einsatz in der Praxis	Magen-Darm-Störungen, Magengeschwüre, akute und chronische Koliken; als Breiumschlag bei Druse, Abszessen und Geschwüren

Kriterium	Beschreibung
TCVM	
Beschreibung	Leinsamen gehört zu den Kräutern, die den Darm befeuchten und laxierend wirken
Meridianbezug	Dickdarm, Milz, Lunge, Magen
Energetik	Süß
Therapeutische Eigenschaften	Befeuchtet den Darm, klärt Hitze, tonisiert das Yin

12 Diverse Drogen

Hier handelt es sich um Drogen, die sehr unterschiedliche Inhaltsstoffe vorweisen und aus diesem Grund auch ganz verschiedene Wirkspektren haben. Sie passen nicht in ein vorgegebenes Schema.

Teufelskrallenwurzel – Harpagophyti radix

Die Heimat der Teufelskralle ist das südliche Afrika. Ein Soldat der deutschen Afrikaschutztruppe lernte anfangs des 20. Jahrhunderts die Wirkung von einem einheimischen Heiler kennen. Erst ab 1937 beschäftigte sich die Pharmazie mit der wissenschaftlichen Untersuchung. In den letzten Jahrzehnten ist die Teufelskralle sehr modern geworden und genießt schon fast den Ruf eines Wundermittels. Problematisch ist jedoch, dass die Wurzeln meist aus Wildsammlungen stammen. Die Ressourcen werden immer knapper und es stellt sich die Frage, ob es noch vertretbar ist, die Teufelskralle in diesen Mengen bei uns einzusetzen.

Steckbrief

Kriterium	Beschreibung
Wichtige Inhaltsstoffe	Harpagosid, Oligosaccharide, Bitterstoffe
Wirkmechanismen	Antiphlogistisch, analgetisch, antiarthritisch
Anwendung	Arthrose, Arthritis, dyspeptische Beschwerden, Antirheumatikum
Tagesdosis	18 Gramm
Kontraindikation	Nicht bei Turnierpferden anwenden; derzeit in der Dopingliste!
Indikationen	
Kommission E	Degenerative Erkrankungen des Bewegungsapparats, dyspeptische Beschwerden, Appetitlosigkeit
Einsatz in der Praxis	Degenerative und entzündliche Erkrankungen des Bewegungsapparats

Kriterium	Beschreibung
TCVM	
Beschreibung	Teufelskralle gehört zu den Wind-Feuchtigkeit und Hitze ableitenden Drogen.
Meridianbezug	Leber, Milz, Magen
Energetik	Bitter, kalt
Therapeutische Eigenschaften	Kühlt Hitze; leitet Wind und Feuchtigkeit ab

Brennnesselblätter – Urticae folium

Im Altertum wurde die Brennnessel zur Behandlung vieler Krankheiten eingesetzt. Sie wurde beschrieben als erweichend, wind- und harntreibend, gut gegen krebsartige Geschwüre, brandige Wunden, Furunkel, Geschwülste, geschwollene Drüsen, Verrenkungen, Verstauchungen, Brustfell- und Lungenentzündungen. Im Mittelalter kommen dann noch der Einsatz bei Nierensteinen und Nierengrieß hinzu.

Steckbrief

Kriterium	Beschreibung
Wichtige Inhaltsstoffe	Flavonglykoside, Kieselsäure, Kalium
Wirkmechanismen	Aquaretisch, antiarthritisch; hemmt fast alle Entzündungsmediatoren, hauptsächlich LOX, COX, TNF, die Prostaglandinsynthese und Interleukin
Anwendung	Blasenprobleme, Nephritis, Zystitis, verschleimte Lunge, Ödeme, Flüssigkeitsretention, rheumatische Gelenkserkrankung
Tagesdosis	20 Gramm
Kontraindikation	Keine
Indikationen	
Kommission E	Zur unterstützenden Behandlung rheumatischer Beschwerden; zur Durchspülung bei entzündlichen Erkrankungen der Harnwege und zur Durchspülung bei Nierengrieß
Einsatz in der Praxis	Arthritis, Arthrose, Gelenk- und Muskelschmerzen; meiner Ansicht nach unser wichtigster Entzündungshemmer

Kriterium	Beschreibung
TCVM	
Beschreibung	Brennnessel gehört zu mehreren Gruppen, nämlich zu den Wind-Feuchtigkeit und Kälte ableitenden, den Harnfluss fördernden und Feuchtigkeit ausleitenden sowie zu den das Blut nährenden Kräutern
Meridianbezug	Milz, Lunge, Niere, Blase
Energetik	Neutral, leicht salzig, süß
Therapeutische Eigenschaften	Leitet Wind-Feuchtigkeit aus; nährt das Blut und die Säfte; zerteilt und leitet den Schleim aus der Lunge ab

Johanniskraut – Hyperici herba

Das Johanniskraut wird seit dem frühen Altertum als Heilpflanze genutzt. Hauptsächlich verwendet wurde die Pflanze als Umschlag gegen Brandwunden. Im Mittelalter war das Johanniskraut – äußerlich angewendet – als Schmerzmittel und zur Wundheilung sehr geschätzt. Innerlich verabreicht sollte das Kraut Herz und Leber kräftigen und die Nieren reinigen. Im 19. Jahrhundert erkannte man die Wirkung gegen Melancholie und verschiedene Manien. In neuerer Zeit gibt es viele Studien und Untersuchungen zum Einsatz als Psychotherapeutikum.

Steckbrief

Kriterium	Beschreibung
Wichtige Inhaltsstoffe	Hypericin, Hyperforin, Flavonoidglykoside, Rutin, ätherisches Öl
Wirkmechanismen	Antidepressive Wirkung durch Einfluss auf die Transmittersysteme (Serotonin, Dopamin); Hypericin hemmt Dopaminhydroxylase; **äußerlich:** antiphlogistisch, bakterizid, antiviral
Anwendung	**Innerlich:** nervöse Erschöpfung und Angstzustände; **äußerlich:** stumpfe Traumata, Ekzeme und Dermatitiden
Tagesdosis	13 Gramm. **Äußerlich:** Zur äußerlichen Anwendung hat sich Johanniskrautöl bewährt. Dazu werden 500 Gramm zerstoßene Blüten in 750 ml Pflanzenöl eingelegt und 3 Wochen in den Schatten gestellt. Danach wird das Ganze noch 2 Tage der Sonne ausgesetzt. Anschließend abseihen und gut verschlossen dunkel aufbewahren.

Kriterium	Beschreibung
Kontraindikation	Bei Schimmeln und Weißschecken soll es als Nebenwirkung Hautentzündungen oder Ekzeme geben. Bei der Verwendung von Johanniskraut als Droge habe ich persönlich diese Symptome nie beobachtet. Bei der Aufnahme von frischem Johanniskraut, das auf der Koppel gewachsen war, sind jedoch in meiner Praxis aufgrund der Fotosensibilität bei Schimmeln und Weißschecken schwere Ekzeme vorgekommen. Wahrscheinlich spielt die aufgenommene Menge eine bedeutende Rolle.
Indikationen	
Kommission E	**Äußerlich:** bei Brandwunden und Verletzungen; bei depressiven Verstimmungen, Angst und nervöser Unruhe
Einsatz in der Praxis	Gegen Verletzungen; gegen Angst und nervöse Unruhe, Turnierangst; dopingrelevant!
TCVM	
Beschreibung	Johanniskraut gehört zu den sedierenden, den Geist beruhigenden Kräutern
Meridianbezug	Leber, Herz, Niere, Blase, Lunge
Energetik	Warm, leicht bitter
Therapeutische Eigenschaften	Bewegt und stärkt das Herz-Chi; es bewegt, besänftigt und beruhigt das Leber-Chi; trocknet die Wind-Feuchtigkeit und klärt Hitze

Beinwellwurzel oder Blätter – Symphyti radix aut folium

Hildegard von Bingen und Paracelsus verwendeten Beinwell als Wundheilmittel. Eingesetzt wurden, wie auch heute noch, Wurzeln und die Blätter. Bei Knochenbrüchen wurde Beinwell innerlich zur Unterstützung der Kallusbildung und äußerlich für Verbände verordnet. In der Volksmedizin war es das Hauptmittel bei der Behandlung von Quetschungen, Knochenverletzungen und Wunden.

Steckbrief

Kriterium	Beschreibung
Wichtige Inhaltsstoffe	Schleimstoffe, Gerbstoffe, Saponine, Pyrrolizidinalkaloide
Wirkmechanismen	Fördert die Granulation und die Kallusbildung
Anwendung	Nur äußerliche Anwendung!
Tagesdosis	Für die äußerliche Anwendung zum Einreiben 1 Teil der Wurzel mit 10 Teilen Wasser abkochen; als Breiumschlag 600 Gramm Wurzeln oder Blätter in 400 Gramm 70%igem Alkohol zerkleinern (eigene Erfahrung) und als Umschlagpaste anwenden; Beinwellblätter sind im Handel nicht erhältlich; hier muss man auf die im Garten gewachsenen oder gesammelten Blätter zurückgreifen
Kontraindikationen	Keine innerliche Anwendung, da lebertoxisch; deshalb auch äußerlich nicht länger als 4 Wochen anwenden
Indikationen	
Kommission E	Zerrungen, Prellungen, Verstauchungen; wegen krebserregender Pyrrolizidinalkaloide keine innerliche Anwendung
Einsatz in der Praxis	Zerrungen, Verstauchungen, Sehnenschäden, Gelenkschäden, Blutergüsse, Thrombophlebitis.

Kriterium	Beschreibung
TCVM	
Beschreibung	Beinwell gehört zu den Yin nährenden und befeuchtenden Kräutern
Meridianbezug	Niere, Lunge, Magen, Dickdarm, Dünndarm
Energetik	Kühl, bitter, leicht süß
Therapeutische Eigenschaften	Eliminiert Leere-Hitze, fördert die Gewebsbildung

13 Adaptogene Drogen

In der ganzheitlichen Medizin wird der Begriff „Gesundheit“ folgendermaßen definiert: „Gesundheit ist die Befähigung des Organismus auf Noxen von außen flexibel zu reagieren“. Der lebende Organismus muss dafür ständig im Gleichgewicht aller Körperfunktionen sein. Das Immunsystem muss jederzeit Infektionen abwehren können, Hormone und andere Steuerungsmechanismen müssen für einen reibungslosen Ablauf der Körperfunktionen sorgen.

Den Adaptogenen schreibt man die Wirkung zu, alle diese Stoffwechselvorgänge positiv beeinflussen zu können. Allerdings gibt es dazu noch keine auswertbaren klinischen Studien. Die Drogen werden aus Wurzeln, Pflanzen, Pilzen und auch Algen gewonnen. Für uns in der Tiermedizin kommen die Süßholzwurzel (▸Kap. 10.3) und die Curcumawurzel (▸Kap. 7) in Betracht. Andere Drogen, wie asiatischer Ginseng (Panax ginseng), Eleutherwurzel (Taigawurzel, Eleutherococcus senticosus), Schisandra-Beere (Schisandra chinensis), Goji-Beere (Lycium barbarum) oder die Medizinalpilze dienen in der Humanszene allesamt als Leistungsförderer. Die Stressresistenz soll erhöht und das Immunsystem soll gestärkt werden.

Es bleibt jedem Einzelnen überlassen, seine vielleicht ungesunde Lebensweise oder sein überfordertes Pferd mit irgendwelchen Mittelchen aufzupuschen, als vielmehr die eigene Lebensweise oder den Trainingsaufbau seines Pferds zu überdenken.

Teil 3
Anwendung in der Praxis

14 Zusammenstellung von Mischungen

14.1 Allgemeines

Wenn man aus der Vielzahl der besprochenen Drogen für seinen Patienten eine therapeutisch wirksame Mischung zusammenstellen will, sollte man sich an den Aufbau einer Rezeptur halten, wie es bei den Phytotherapeuten sowohl in der TEM, als auch in der TCVM üblich ist. Die Mischungen setzen sich zusammen aus der Leitdroge, in der TCVM der Herrscherdroge. Sie ist das Basismittel und wirkt gegen die Grunderkrankung. Sodann folgt die Ergänzungsdroge, in der TCVM die Ministerdroge. Sie unterstützt die Leitdroge in ihrer Wirkung. Die Hilfsdroge, in der TCVM die Assistentendroge, hilft ein größeres Spektrum der Symptomatik abzudecken. Schließlich kommt zum Schluss noch das Füllmittel, in der TCVM die Botendroge. Diese dient als Geschmackskorrigens, macht die Mischung besser für den Organismus verfügbar oder erhöht sogar die Bioverfügbarkeit. Oft werden auf dem Markt Fertigmischungen angeboten, die sehr viele Komponenten enthalten. Offiziell werden diese Mischungen als Ergänzungsfuttermittel verkauft. Die Einzelkomponenten sind meist unterdosiert und passen überhaupt nicht zusammen. Ein therapeutischer Effekt ist eher selten zu erwarten. In meiner Praxis habe ich in meinen Rezepturen höchstens fünf verschiedene Drogen verwendet, die sich nach dem oben angeführten Schema ergänzt haben. Für die Auswahl der Drogen brauchen wir immer einen genauen Untersuchungsbefund und eine exakte Diagnose. Soll die Mischung nach TCVM orientierten Gesichtspunkten erstellt werden, so ist die Diagnosefindung noch komplizierter (z. B. Shu-Punkte, Puls, Energiezustand, Temperaturverhalten). Der Patient muss also genauestens untersucht werden. Die ganzheitliche Medizin ist hier viel komplizierter als die Schulmedizin. Denken wir nur an die Krankheitsbilder bei den Lahmheiten der Pferde. Ein hochdosiertes Schmerzmittel hilft immer, egal wo die Ursache liegt. Die Kunst der ganzheitlichen Medizin liegt nicht darin, den Patienten schmerzfrei zu stellen. Der ganzheitlich orientierte Therapeut versucht die Ursache für den Schmerz zu finden und entsprechend zu therapieren. Wichtig ist jedoch, die Grenzen des Möglichen zu kennen. Wir können behandeln was gestört ist, nicht aber das, was zerstört ist. Eine Krankheit im chronischen, fortgeschrittenen Stadium ohne Aussicht auf Erfolg zu behandeln, ist mit dem Tierschutz nicht vereinbar.

14.2 Analogie und Systematik der Rezepturbestandteile

Traditionelle Europäische Medizin (TEM)	Traditionelle Chinesische Veterinärmedizin (TCVM)
Leitdroge	Herrscherdroge
Ergänzungsdroge	Ministerdroge
Hilfsdroge	Assistentendroge
Füllmittel	Botendroge
Geschmacksverbesserer	–

15 Atemwegserkrankungen

Die wohl am häufigsten auftretenden Krankheiten in der Pferdepraxis sind die Atemwegserkrankungen. Obwohl die Haltung der Pferde in den letzten Jahren deutlich verbessert wurde, treten doch immer wieder Probleme mit den Atemwegen auf. Für eine brauchbare Diagnose sind in der ganzheitlichen Tiermedizin die genaue Anamnese und eine genaue ganzheitliche Untersuchung notwendig. Um einen Therapieerfolg zu erreichen, muss man erkennen, ob es sich um einen trockenen oder einen feuchten, Schleim produzierenden Husten handelt. Sitzt jedoch in den unteren Lungenbereichen verhärteter, fest gewordener Schleim, der eine Belüftung der Alveolen unmöglich macht, brauchen wir wiederum eine andere Therapie. Beim trockenen Husten steckt meistens ein allergisches Geschehen dahinter und die Atemwege schwellen an. Beim feuchten Husten handelt es sich meist um eine Bronchitis, ausgelöst durch eine virale oder bakterielle Belastung. Das Endstadium aller Lungenerkrankungen ist dann die Dämpfigkeit, die mit ganzheitlicher Medizin sehr schwer mit Erfolg behandelt werden kann. Manche Fälle konnte ich in meiner Praxis mit der Kombination aus Homöopathie und Phytotherapie erfolgreich behandeln, es waren aber mindestens genauso viele Fälle, bei denen nur noch schulmedizinische Medikamente Linderung verschafften.

Zur Verfügung stehende Phytotherapeutika

- Mucilaginosa, das sind Schleimdrogen für trockenen Husten,
- Expektoranzien, das sind auswurffördernde Drogen:
  - Sekretolytika, das sind schleimauflösende Drogen gegen produktiven Husten,
  - Sekretomotorika, das sind Drogen, die für aktiven Transport des Schleims sorgen,
  - Mukolytika, das sind Drogen die den zähen Schleim verflüssigen,
- Drogen mit mikrozider Wirkung bei viralen oder bakteriellen Infektionen.

Die Unterscheidung der Atemwegserkrankungen mit trockenem oder produktivem Husten fällt vielen Therapeuten schwer. Es ist eigentlich ganz einfach. In den seltensten Fällen kommt es zu Ausfluss aus der Nase. Der Weg vom Kehlkopf bis zu den Nasenlöchern ist beim Pferd ziemlich lang. Deshalb wird in den meisten Fällen der Schleim abgeschluckt. Man muss also nach dem Husten den Kehlkopf des Pferds beobachten. Dazu kommt eine genaue Auskultation und Perkussion des Lungenfelds. Es kann nämlich sein, dass zäher Schleim in die unteren Lungenbereiche abgesackt ist und dort liegenbleibt. Das sind die Pferde, die nur dann husten, wenn sie stärker gefordert werden und die unteren Lungenbereiche gebraucht werden. Auch wenn es sich so anhört, liegt in diesem speziellen Fall kein trockener Husten vor. Diagnostiziert werden kann dieser Zustand nur durch den Einsatz von Plessimeter und Perkussionshammer. Leider treten diese alten, aber sehr effektiven Untersuchungsmethoden in der modernen Tiermedizin mehr und mehr in den Hintergrund. Man verlässt sich heutzutage lieber auf die Technik und führt eine Bronchoskopie oder Blutgasanalyse durch. Das Endergebnis ist oft das Gleiche, der einzige Unterschied sind die Kosten.

16 Phytotherapeutisches Repertorisieren

Beim Krankheitsbild des trockenen Hustens stehen uns folgende Drogen zur Verfügung: Eibischwurzel (Althaeae radix), Isländisches Moos (Lichen islandicus), Spitzwegerichkraut (Plantaginis lanceolatae herba), Königskerzenblüten (Verbasci flos).

Man kann, wie beim homöopathischen Repertorisieren die Eigenschaften der einzelnen Drogen in eine Tabelle eintragen und aussuchen, welche Kräuter am besten zu diesem Krankheitsbild passen. Geringe Wirkungen bekommen ein Plus-, mittlere zwei Plus- und hohe Wirksamkeit drei Pluszeichen.

Beispiel: trockener Husten

Droge	Mucilaginosa	Mikrozid	Immunstimulierend	Entzündungshemmend	Verdauung
Eibischwurzel (Althaeae radix)	+++		++	++	+
Isländisches Moos (Lichen islandicus)	+++	+			+
Spitzwegerichkraut (Plantaginis lanceolatae herba)	+++	+++		++	
Königskerzenblüten (Verbasci flos)	+++		+++	+	
Malvenblüten (Malvae sylvestris flos)	+++				

Man sieht, die Eibischwurzel erfüllt fast alle Kriterien. Sie wird also zur Herrscher- oder Leitdroge. Die Blätter des Spitzwegerichs wirken zusätzlich noch mikrozid. Diese nehmen wir als Ergänzungs- oder Ministerdroge. Die Blüte der Königskerze stimuliert das Immunsystem und wird als Assistenz- oder Hilfsdroge eingesetzt. Somit haben wir unsere Drogenmischung für ein Pferd, das an trockenem Husten leidet.

Bei der schleimigen Bronchitis, also Lungenerkrankung mit Produktion von Schleim stehen uns viel mehr Drogen zur Verfügung. Es sind: Anisfrüchte (Anisi fructus), Bitterfenchel (Foeniculi amari fructus), Holunderblüten (Sambuci flos), Efeublätter (Hederae folium), Primelwurzel (Primulae radix), Lindenblüten (Tiliae flos), Thymiankraut (Thymi herba), Süßholzwurzel (Liquiritiae radix), Andornkraut (Marrubii herba), Kapuzinerkresse (Tropaeoli herba).

Beispiel: schleimige Bronchitis

Droge	Sekretolytisch	Sekretomotorisch	Mikrozid	Expektorans, mukolytisch	Verdauung
Anisfrüchte (Anisi fructus)	+++	+++		+	+
Bitterfenchel (Foeniculi fructus)	+++	+++	++		+
Süßholzwurzel (Liquiritiae radix)	+	+			++
Kapuzinerkresse (Tropaeoli herba)	++		+++	++	++
Thymiankraut (Thymi herba)		+++	+++	+++	
Efeublätter (Hederae folium)	++		+++	++	
Andornkraut (Marrubii herba)				++	++

Die Tabelle, die man für alle Krankheitsbilder so oder so ähnlich anlegen kann, zeigt nun, welche Drogen für welches Krankheitsbild am wirkungsvollsten sind. Danach sucht man sich maximal vier Drogen aus. Nicht vergessen werden darf, dass der Darm die Mutter der Lunge ist. Als Botendroge sollte also immer ein auf das Verdauungssystem wirkendes Kraut mit verwendet werden.

Wenn feststeht, welche Drogen infrage kommen, können wir die Tagesration ausrechnen. Stellen wir uns vor, wir haben vier verschiedene Drogen (a, b, c, d) ausgesucht. Die Kräutermischung soll mindestens 10 Tage gefüttert werden. Um die Ration auszurechnen und dann herzustellen, hat sich die folgende Vorgehensweise bewährt:

Berechnung der Tagesdosis

10 × a + 10 × b + 10 × c + 10 × d

Durch den Synergieeffekt brauchen wir davon aber nur 75 %, also das obige Ergebnis mal 0,75 ergibt auf zwei Portionen verteilt, die tägliche Dosis für ein Pferd. Beim Herstellen der Mischung wiegt man zuerst alle Komponenten ab und beginnt mit der Droge die das geringste Volumen hat. Dann gibt man nach und nach jeweils die Droge mit dem nächst größten Volumen dazu und vermengt es ordentlich. Es hat keinen Sinn, alle Kräuter auf einmal zusammenzuschütten um dann zu versuchen eine homogene Masse zu bekommen. Das geht mit Sicherheit schief. Meiner Erfahrung nach, muss sich innerhalb von 10 Tagen ein Effekt einstellen. Ist dies nicht der Fall, ist die Mischung zu überprüfen, oder es muss eine andere Therapieform gewählt werden.

17 Hautprobleme

Viele Pferde leiden unter Ekzemen oder anderen Hautproblemen. Aber auch hier ist eine genaue Befunderhebung von enormer Wichtigkeit. Ekzeme können entstehen durch Ektoparasiten, Verletzungen, Stoffwechselprobleme, Mineralstoff- oder Spurenelementemangel, Allergien oder auch durch genetische Disposition. Für die innerliche Verabreichung werden Drogen gebraucht, die die Ursache bekämpfen. Es gibt also kein Kraut, das grundsätzlich immer bei allen Hautproblemen wirkt. Man muss im Einzelfall entscheiden und dann, je nachdem ob ein Mangel oder eine Organstörung vorliegt, entsprechend substituieren oder behandeln.

Anders sieht es jedoch aus bei der äußerlichen Anwendung. Um die Haut zu beruhigen, oder auch oberflächliche Entzündungen zu behandeln, stehen einige gute Drogen zur Verfügung. Das sind zum einen die Gerbstoffdrogen Eichenrinde, Blutwurz und die Walnussblätter. Liegt auch eine übermäßige Schweißbildung vor, so kommen noch die Salbeiblätter hinzu. Die Gerbstoffdrogen werden kalt angesetzt und kurz aufgekocht. Der Salbei kommt dazu, wenn das Wasser nicht mehr kocht. Die Anwendung erfolgt erst nach dem Abkühlen. Durch die entstehende Koagulationsmembran beruhigt sich die Haut und der Juckreiz lässt nach. Liegen entzündlich-eitrige Hautprobleme vor, so empfiehlt sich ein Absud aus Schafgarbe und Salbei. Die Kamille als Tee ist gut für die Verdauung, als Wundmittel hat sie aber einen eher mäßigen Effekt. Als Wundmittel werden Chamazulen und Bisabolol gebraucht. Diese liegen nur in standardisierten Fertigpräparaten vor. Soll die Kamille angewendet werden, so wird dem Absud ein Fertigpräparat zugegeben.

18 Lebererkrankungen

Die Erkrankungen der Leber haben in den letzten Jahren in erschreckendem Maße zugenommen. Bemerkenswerterweise nicht bei einer bestimmten Pferdegruppe oder einer bestimmten Haltungsweise. Pferde aus rein biologisch ausgerichteter Haltung waren genauso betroffen, wie hochklassige Turnierpferde. Ich überlasse es dem Leser, sich hierüber Gedanken zu machen.

In meiner Praxis war die Frühjahrskur für die Leber schon zum Standard geworden. Gerade bei den Lebererkrankungen ist die Phytotherapie der Schulmedizin überlegen. Eine Ausnahme ist der Befall mit Leberegeln, da wird die chemische Keule gebraucht. Der reelle Naturheilmediziner wird da keine weiteren Diskussionen zulassen. Für die Behandlung der Lebererkrankungen gibt es einige sehr gut wirkende Drogen, allen voran die Mariendistelfrüchte. Die Samen sollten erst vor der Anwendung gemahlen werden. Artischockenblätter ergänzen in hervorragender Weise die Therapie. Um den Gallenabfluss anzuregen und dadurch die „Entgiftungsleistung" zu fördern, stehen Wermutkraut, Beifußkraut, Schafgarbenkraut, Löwenzahnwurzel und Löwenzahnkraut sowie Pfefferminzblätter zur Verfügung. Bei allen Leberkuren muss jedoch der enterohepatische Kreislauf beachtet werden. Die Passagerate des Darminhalts muss erhöht werden. Deshalb sollte ab dem zweiten Tag der Kräuteranwendung anstatt Kraftfutter Leinsamenschleim gefüttert werden. Weitere Futterzusätze sollten auf das notwendige Maß beschränkt werden. Wenn es die Stoffwechsellage zulässt, ist es besser man verzichtet auf zusätzliche Mittelchen.

19 Erkrankungen des Magen-Darm-Trakts

Die bei den Pferden am meisten gefürchteten Krankheiten sind die des Verdauungssystems: Akute und subakute Koliken, Durchfall, Kotwasser, Aufblähungen, Fehlgärungen, Entzündungen und Geschwüre des Magens und des Darmtrakts. Außer bei einer akuten Kolik, deren Behandlung in jedem Falle in die Hand einer erfahrenen Tierärztin gehört, ist das erfolgreiche therapeutische Vorgehen bei diesen Erkrankungen in hohem Maße abhängig von einer genauen Anamnese und Befunderhebung. Es reicht nicht, zu hinterfragen, was gestern gefüttert wurde. Der Auslöser für diese Krankheitsbilder kann schon sehr lange zurückliegen.

Gegen fütterungsbedingten Durchfall stehen uns Enzianwurzel, Beifußkraut, Wermutkraut und Schafgarbenkraut zur Verfügung. Liegt zusätzlich noch ein entzündliches Geschehen vor, so bieten sich Weidenrinde, Eichenrinde, Brombeerblätter, Gänsefingerkraut und Blutwurz an. Ist der Auslöser des Durchfalls ein nervliches Problem, ausgelöst durch irgendwelche Stressfaktoren, so zeigen die Blätter der Melisse und das Johanniskraut eine gute Wirkung.

Ein häufig auftretendes Problem ist das Kotwasser. Leider gibt es für die Behandlung kein Patentrezept. Die meiner Ansicht nach am meisten vertretene Ursache ist Stress. Ich habe erlebt, dass ein Pferd in einem sehr gut geführten Offenstall ständig mit Kotwasser belastet war. Als es jedoch wegen einer anderen Erkrankung in eine Box musste, war das Kotwasser plötzlich weg. Nicht immer ist das, was wir als das Beste für unser Pferd ansehen, auch für das Pferd das Beste.

Sind sämtliche Stressfaktoren ausgeschaltet, kann man natürlich mit der Phytotherapie versuchen, seinem Patienten zu helfen. Meine Vorgehensweise war folgende: Während der phytotherapeutischen Behandlung gibt es überhaupt kein Kraftfutter. Anstatt dessen wird Leinsamenschleim gefüttert. Dazu wird der braune Öllein (Lini semen) für einige Minuten aufgekocht und dann unter ständigem Rühren solange geköchelt, bis sich eine zähe gallertartige Masse ergibt. Bleiben Sie während des Kochens am Herd stehen, wenn die Masse überkocht, ist es ein Erlebnis, das Sie nicht so schnell vergessen werden. Der sogenannte Goldlein, oder Leinkuchen,

Leinpellets oder Leinöl zeigen hier keinen therapeutischen Effekt. Gebraucht werden die Schleimstoffe aus dem braunen Öllein. Zuerst gibt man eine Woche lang Gerbstoffdrogen wie Eichenrinde, Gänsefingerkraut, Brombeerblätter oder die Blutwurz. Besteht der Verdacht auf ein entzündliches Geschehen, so gibt man zusätzlich noch Antiphlogistika wie Curcuma oder Süßholzwurzel. Anschließend verordnet man noch eine Woche lang Schleimdrogen, wie Eibischwurzel, Islandmoos, Spitzwegerichkraut, Königskerzenblüten oder Malvenblüten. Stellt sich dann immer noch kein Effekt ein, so ist die Therapie mit Kräutern die falsche Behandlung. Man sollte dann so ehrlich sein und zugeben, dass es nicht geklappt hat.

20 Sehnen- und Gelenkschäden

Bei Sehnen- und Gelenkschäden geht es hauptsächlich darum, akute oder chronische Entzündungen zu behandeln. Nur in sehr schmerzhaften Fällen habe ich Schmerzmittel verordnet. Meiner Ansicht nach ist der Schmerz die natürliche Bremse, die die Natur eingebaut hat, um sich zu schonen.

> „Die Schmerzen sind's, die ich zu Hilfe rufe, denn sie sind Freunde, Gutes raten sie!"
> *Johann Wolfgang von Goethe, Iphigenie auf Tauris*

Stellt man das Pferd ganz schmerzfrei, ist es sehr schwer, es ruhig zu stellen. Die Heilung dauert dann umso länger.
Als die Durchblutung fördernde Mittel stehen uns Breiumschläge aus Senfsamen, Beinwellwurzel oder Beinwellblättern zur Verfügung. Die Breiumschläge aus Senfsamen müssen, um Hautirritationen zu verhindern, spätestens nach 8 Stunden entfernt werden. Dann die entzündete Stelle mit kaltem Wasser abspritzen und richtig trocken reiben. Anschließend einen wärmenden Verband, am besten mit Wollbinden, anlegen. Dieser Wärmeverband bleibt 12 Stunden liegen. Diese Prozedur kann mehrere Tage wiederholt werden. Die Breiumschläge aus Beinwellwurzel oder Beinwellblättern können 24 Stunden verbleiben, sollten dann aber erneuert werden. Für die Anwendung als Fütterungsarzneimittel steht uns eine Vielzahl von Drogen zur Verfügung. Es sind dies Weidenrinde, Pappelrinde, Teufelskrallenwurzel, Brennnesselblätter, Selleriesamen und Birkenblätter. Wenn man eine Mischung herstellt, so sollte man bedenken, dass durch den erlittenen Schmerz oft der Appetit nachlässt. Deshalb sollte in der Rezeptur immer auch eine Verdauungsdroge sein.

21 Nervöse Unruhe

Vielen Pferden fehlt die nötige Ruhe und Ausgeglichenheit, die wir eigentlich von ihnen erwarten. Das gilt sowohl für den Freizeit-, als auch für den Turnierbereich. Viele Unfälle hätten vermieden werden können, wenn das Pferd nicht so schreckhaft gewesen wäre. Aber auch in diesen Fällen müssen wir zuerst ans Pferd denken und erst in zweiter Linie an unsere Probleme mit dem Pferd.

Erst wenn alle störenden Faktoren ausgeschaltet sind, kann man versuchen mit Phytotherapie oder schulmedizinischen Beruhigungsmitteln auf das Pferd einzuwirken. Ich habe erlebt, dass sich niemand erklären konnte, warum Pferde plötzlich nervös wurden. Bis durch Zufall entdeckt wurde, dass es im Stall Untermieter gab und die Pferde nachts einfach keine Ruhe mehr fanden.

Anders sieht es jedoch bei den überforderten Turnierpferden aus. Da sollte man dem Hochleistungssportler einfach eine Pause gönnen. Dennoch hat die Phytotherapie für diese Probleme einige gute Drogen. Turnierreiterinnen sollten sich jedoch vorher über die aktuellen Dopingvorschriften informieren. Für mehr Ruhe und Gelassenheit sorgen Johanniskraut, Melissenblätter, Pfefferminzblätter und Mariendistelfrüchte.

22 Praxisfälle

In den folgenden Kapiteln werden ausgewählte Therapiebeispiele aus der Praxis des Autors beschrieben:

- Fieberhafte Pneumonie
- Magengeschwür
- Transportstress
- Arthrose
- Hufrehe

Fieberhafte Pneumonie

Anamnese

Ein Schimmelwallach, 24 Jahre, musste wegen eines kleinen chirurgischen Eingriffs sediert werden. Leider war die Dosis etwas zu stark. Der Wallach legte sich in den Schnee und blieb einige Zeit liegen. Die Unterkühlung hatte eine Pneumonie mit Fieber zur Folge. Nach 8 Wochen intensiver schulmedizinischer Behandlung mit verschiedenen Antibiotika, hochdosiertem Cortison, Schleimlöser und 1600 € Kosten wurde das Allgemeinbefinden immer schlechter. Die Besitzerin beschloss die Therapie zu ändern.

Untersuchungsbefund

- Allgemeinbefinden empfindlich gestört, Futteraufnahme sehr schlecht. Pferd hat keinen Appetit mehr,
- Körpertemperatur: 39,8 °C,
- Puls: 36, sehr hart, pochend, nicht unterdrückbar,
- Atmung: 38 Atemzüge pro Minute,
- Massiver grün-gelber, sehr zäher Nasenausfluss,
- Perkussion: Nasennebenhöhlen und Stirnhöhlen ohne pathologischen Befund,
- Auskultation der Lunge: in den oberen zwei Dritteln des Lungenbereichs massives röchelndes Atemgeräusch; im unteren Drittel fast kein Atemgeräusch,
- Perkussion des Lungenfelds: massiv gedämpfter Lungenschall im unteren Drittel, keine Erweiterung des Lungenfelds; das war ungewöhnlich in Anbetracht des Alters und der Anamnese,
- Auskultation des Darmtrakts: Hyperperistaltik im Blinddarm; verminderte Darmgeräusche im Bereich des Dickdarms.

Laboruntersuchung

Die Laboruntersuchung der Schleimprobe ergab einen massiven Befall mit Staphylococcus aureus und Aspergillus fumigatus. Nach dem Antibiogramm sollten Apramycin und Tilmicosin eingesetzt werden.
Das hochgradig gestörte Allgemeinbefinden, die erhöhte Körpertemperatur, eine massive bakterielle Infektion und die zusätzliche Belastung mit Schimmelpilzen stellten die Behandlung mit schulmedizinischen Medikamenten vor eine fast unlösbare Aufgabe.

Therapievorgehen

Eine alte Regel der ganzheitlichen Medizin sagt: „Der Darm ist die Mutter der Lunge." Im vorliegenden Fall war oberste Priorität den Verdauungstrakt zu normalisieren und so das Allgemeinbefinden zu verbessern. Deshalb verordnete ich Leinsamenschleim, vermischt mit Honig im Verhältnis 5:1 (5 Teile Schleim, 1 Teil Honig). Im Leinsamenschleim wurden die Verdauungsdrogen Artemisiae herba, Gentianae radix und zusätzlich als entzündungshemmende Droge Curcumae longae rhizoma verabreicht. Kraftfutter oder Leckerli waren in jedweder Form ab diesem Zeitpunkt streng verboten. Zum Glück war der Wallach Leinsamenschleim gewohnt und die Aufnahme bereitete keine Probleme. Am dritten Tag der Diät behandelte ich den Wallach mit Neuraltherapie. Im Laufe einer Woche verbesserte sich das Allgemeinbefinden merklich, die Körpertemperatur fiel leicht auf 39 °C. Der Wallach hatte jetzt länger andauernde Hustenattacken mit extremem Auswurf von gelbem zähem Schleim. Aus der Nase lief ständig gelbes Sekret. Ich hatte den Eindruck, dass der Organismus wieder reagierte und sich gegen die Krankheit wehrte. Trotz der immer noch erhöhten Temperatur entwickelte der Patient einen enormen Appetit. Nach einer Woche waren die Darmgeräusche fast wieder im physiologischen Bereich. Jetzt erst war der Zeitpunkt gekommen, die Lunge zu behandeln. Es wurden also Drogen gebraucht, die bakterizid, fungizid, sekretolytisch, sekretomotorisch und expektorierend wirken.

Zur Auswahl standen

Droge	Wirkung
Anisi fructus	Sekretolytisch, expektorierend, **TCVM:** leitet Schleim ab, reguliert Chi der Lunge
Foeniculi amari fructus	Sekretomotorisch, antibakteriell, **TCVM:** leitet Schleim aus, reguliert das Chi der Lunge
Thymi herba	Antimikrobiell, bronchospasmolytisch, expektorierend, **TCVM:** leitet Schleim der Lunge ab, senkt Chi der Lunge, expektorierend
Tropaeoli herba	Bakterizid, viruzid, antimykotisch, sekretomotorisch
Hederae folium	Antiviral, antibakteriell, sekretolytisch, expektorierend, **TCVM:** zerteilt zähen Hitze-Schleim der Lunge
Liquiritiae radix	Expektorierend, sekretolytisch, fördert Akzeptanz, **TCVM:** tonisiert Milz und Magen, verbessert Lebensenergie, mildert Geschmack anderer Kräuter ab
Marrubii herba	Sekretolytisch, expektorierend, **TCVM:** zerteilt zähen Schleim der Lunge, reguliert Chi der Mitte

Angewendete Drogen

- Tropaeoli herba
- Foeniculi amari fructus
- Thymi herba
- Marrubii herba

Diese Mischung wurde dem Wallach 4 Wochen lang verabreicht. Einmal in der Woche behandelte ich ihn mit Neuraltherapie.
Die Diät bestand weiterhin aus Leinsamenschleim – jetzt ohne Honig – und gutem Heu aus dem Heunetz. Auf eine Waschung oder Bedampfung

des Heus wurde verzichtet, da während der schulmedizinischen Behandlung das Waschen des Heus keinen Erfolg gebracht hatte.
Nach 10 Tagen normalisierte sich die Körpertemperatur und die Hustenattacken waren deutlich reduziert. Der vormals zähe, klebrige Auswurf und Nasenschleim verwandelten sich in hellen, mehr flüssigen Schleim. Das Allgemeinbefinden besserte sich zusehends. Die Lebensgeister kehrten zurück. Das Führen an der Hand gestaltete sich immer schwieriger. Ich erlaubte deshalb kleinere Ausritte, die der Wallach sichtlich genoss. 5 Wochen nach Therapiebeginn konnte ich keine pathologischen Befunde mehr feststellen. Der Patient wurde als gesund entlassen.

Magengeschwür

Anamnese

Die 10-jährige Stute, M-Dressurpferd, hatte seit einem Jahr immer wieder Probleme mit Magengeschwüren. Sie wurde mehrere Male gastroskopisch untersucht. Im Laufe des letzten Jahres war sie dreimal für jeweils 3 Wochen in einer Pferdeklinik. Die Behandlung bestand aus Verabreichung von Entzündungs- und Säurehemmern. Gefüttert wurde Heu ad libitum und ein spezielles, auf dieses Krankheitsbild abgestimmtes Müslifutter. Trotz intensivster Behandlung ergab der letzte Gastroskopiebefund einen schweren Ulkus mit Blutungen. Laut Pferdeklinik war der momentane Gesundheitszustand ohne Aussicht auf Heilung. Die Stute sollte von ihren Leiden erlöst werden.
Der Leidensdruck war jetzt so hoch, dass sich die Besitzerin zu einem letzten Behandlungsversuch mit ganzheitlicher Medizin entschloss. Aus Kostengründen lehnte sie einen weiteren Aufenthalt in einer Klinik ab.

Untersuchungsbefund

Meine kurze Allgemeinuntersuchung ergab ein hochgradig gestörtes Allgemeinbefinden. Nach Aussage der Besitzerin nahm das Pferd immer weniger Futter zu sich. Die Stute wirkte apathisch und teilnahmslos. Darmgeräusche waren in allen Bereichen fast nicht vorhanden. Der Ernährungszustand war sehr schlecht, das Fell stumpf und struppig, Herz, Kreislauf und Lunge waren jedoch ohne pathologischen Befund.

Therapievorgehen

Aufgrund der von der Klinik zur Verfügung gestellten Befunde und Diagnosen behandelte ich die Stute nach folgendem Schema:
Futterumstellung auf Leinsamenschleim und Haferschleim. Dafür wurde der gequetschte Hafer mit Wasser zu einem schleimigen Brei verkocht. Die Dosierung begann mit einer Mischung aus 400 Gramm Leinsamen und 500 Gramm gequetschtem Hafer auf zwei Portionen verteilt. Dazu

musste die Besitzerin täglich 10 Liter Tee kochen, bestehend aus Kamille, Melisse und Minze zu gleichen Teilen. Die Stute trank morgens und abends davon 5 Liter. Die Verabreichung bereitete keine Probleme. Die Stute wurde einmal in der Woche von mir akupunktiert. Die Akupunktur gestaltete sich etwas schwierig, da die Stute eine enorme Phobie gegen Nadeln entwickelt hatte. Aus Sicherheitsgründen verwendete ich an den Gliedmaßen den Laser.

Angewendete Drogen

Die folgenden Drogen wurden in einem Leinsamen-Haferschleim-Gemisch verabreicht. Zuerst bekam die Stute Gerbstoffdrogen, um auf der verletzten Magenschleimhaut eine Koagulationsmembran zu bilden und um so die Blutungen zu stoppen.

Droge	Wirkung
Quercus cortex	Adstringierend, antiinflammatorisch, **TCVM:** Blutung stillend
Tormentillae rhizoma	Adstringierend, antimikrobiell, antiviral, **TCVM:** stabilisiert und adstringiert

Nach 5 Tagen verbesserte sich die Futteraufnahme, die Stute wartete morgens und abends schon auf ihren Tee. Ab dem 7. Tag änderte ich die Drogenmischung, um die entzündete Magenschleimhaut wieder aufzubauen.

Droge	Wirkung
Althaeae radix	Entzündungshemmend, immunstimulierend, einhüllend und reizmildernd auf Schleimhäute, **TCVM:** kühlt und senkt Hitze ab
Millefolii herba	Antiphlogistisch, spasmolytisch, hämostyptisch, **TCVM:** reguliert und bewegt Chi, spasmolytisch
Liquiritiae radix	Hemmt Entzündungen der Magenschleimhaut, **TCVM:** tonisiert Magen-Chi
Curcumae longae rhizoma	Entzündungshemmend, krampflösend, **TCVM:** bewegt Blut und beseitigt Blut-Stauungen

Nach einer weiteren Woche war das Allgemeinbefinden erheblich verbessert. Die Stute fraß ihren „Leinhaferschleim“ mit großer Begeisterung. Dennoch stand sie oft noch stundenlang teilnahmslos in ihrer Box. Sie begann wieder mehr Heu aufzunehmen. Nach der dritten Akupunkturbehandlung 3 Wochen nach Therapiebeginn entwickelte die Stute einen größeren Appetit, sodass die Hafergabe schrittweise auf das Doppelte erhöht, nach wie vor jedoch zum Schleim verkocht wurde. Sie nahm wieder an ihrer Umgebung teil und das Allgemeinbefinden besserte sich merklich. Die Therapie dauerte insgesamt 6 Wochen. Für die Besitzerin bedeutete es einen enormen Arbeitsaufwand, der sich jedoch gelohnt hat. Nach 6 Wochen war das Allgemeinbefinden wieder hergestellt. Die Stute bekam dann nur noch ungekochten gequetschten Hafer. Heu aus dem Heunetz stand ständig zur Verfügung. Einmal in der Woche war „Schleimtag“. Anstatt Hafer gab es zweimal am Tag 500 Gramm gekochten Leinsamen. Um ein Rezidiv zu vermeiden und Stressfaktoren von der Stute fernzuhalten, nahm die Besitzerin ihr Pferd aus dem Sport.

Transportstress

Anamnese

Der 14-jährige Wallach war in der S-Dressur sehr erfolgreich. Jedoch entwickelte er im Laufe des letzten Jahres eine immer größere Angst vor dem Transport mit dem Pferdehänger. Das Verladen verlief problemlos. Auf der Fahrt jedoch regte sich der Wallach so auf, dass Kotwasser oder sogar eine Kolik entstand, die dann am Ankunftsort sofort behandelt werden musste. An eine Teilnahme am Turnier war also nicht mehr zu denken. Verschiedene Therapeuten behandelten mit schulmedizinischen Medikamenten, Homöopathie, Bachblüten und einer Stressablösung. Nach anfänglichen Erfolgen verfiel der Wallach jedoch jedes Mal wieder in die alten Verhaltensmuster. Der Besitzer hatte von meinen Kräutermischungen gehört und wollte, bevor das Pferd endgültig aus dem Sport ging, von mir noch einen Behandlungsversuch.

Patienten, die sowohl die Schulmedizin als auch verschiedene ganzheitliche Behandlungen hinter sich haben, gehören zum schwierigsten Klientel. In der Regel stehen die Besitzer dem Therapeuten sehr kritisch gegenüber und sind meist der Meinung, schon genug Geld ausgegeben zu haben. Diese Besitzer erlauben dann gnädigerweise noch einen Behandlungsversuch. Oft ist es besser, solche Patienten abzulehnen. Man geht da viel Ärger aus dem Weg. Ich weiß nicht warum, aber ich schaute mir den Patienten trotzdem an.

Untersuchungsbefund

Der Wallach strotzte vor Kraft und Gesundheit. Er vermittelte das Bild eines durchtrainierten S-Dressurpferds. Schulmedizinisch waren keine ungewöhnlichen Befunde festzustellen.
Die TCVM-Diagnostik förderte jedoch einige Befunde zu Tage: Puls hart und gespannt, sichtbare Schleimhäute und Zunge deuteten auf „innere Hitze" hin. Die Shu-Punkt-Diagnostik ergab Druckdolenz auf dem Leber und Magenpunkt, Chi- und Blutstau.

Nach den eindeutigen TCVM-Befunden hielt ich das Pferd für einen klassischen Akupunkturpatienten. Mit Unterstützung der entsprechenden Drogen war die Prognose aus meiner Sicht gar nicht so ungünstig und ich beschloss den Wallach zu behandeln.

Therapievorgehen

Der Patient wurde im Zeitraum von 3 Wochen viermal von mir akupunktiert. Dazu verabreichte ich ihm folgende Drogenmischung.

Angewendete Drogen

Droge	Wirkung
Melissae folium	Sediert und beruhigt den Geist, bewegt und reguliert Chi, beruhigt Shen und Hun, leitet Wind-Hitze aus
Menthae piperitae folium	Bewegt und reguliert Chi
Silybi mariani fructus	Tonisiert die Leber, reguliert das Leber-Chi
Artemisiae herba	Harmonisiert die Leber, beruhigt Shen

Die Therapie zeigte Erfolg. Bei einer Testfahrt 2 Wochen nach Therapiebeginn im Pferdehänger blieb der Wallach erstaunlich ruhig. Die Fahrt zum ersten Turnier nach 4 Wochen überstand der Wallach ohne Probleme. Um nicht mit den Dopingregeln zu kollidieren, erfolgte die letzte Drogengabe 36 Stunden vor der ersten Prüfung. Seither lässt der Besitzer das Pferd in unregelmäßigen Abständen akupunktieren und füttert dann einige Tage die Drogenmischung.

Arthrose

Anamnese

Vorgestellt wurde ein 12-jähriger Wallach. Das Tier war ein Familienpferd und wurde in unregelmäßigen Abständen von verschiedenen Familienmitgliedern geritten. Geringe Lahmheiten heilten in der Regel bis zum nächsten Ausritt von alleine aus. Nach einiger Zeit wurde die Lahmheit jedoch deutlicher und eine Therapeutin wurde hinzugezogen. Die Behandlung mit Globuli erbrachte nicht den durchschlagenden Erfolg. Die dann hinzugezogene Tierärztin stellte röntgenologisch eine massive Fesselgelenksarthrose fest. Der Wallach wurde mit entzündungshemmenden Mitteln und dreimal mit der Stoßwelle behandelt. Nach diesen Behandlungen war das Pferd lahmheitsfrei. 4 Wochen danach lahmte das Pferd jedoch wieder.

Es ist wohl das Schicksal vieler Naturheilmediziner, erst hinzugezogen zu werden, wenn die Besitzer von den Behandlungen der Schulmediziner enttäuscht sind und ihnen das Geld für weitere teure Behandlungen ausgegangen ist. Ich sollte also jetzt möglichst kostengünstig ein Wunder vollbringen und den Wallach wieder gesund machen.

Untersuchungsbefund

Die Lahmheitsuntersuchung ergab eine deutliche Lahmheit vorne rechts und eine geringe Lahmheit vorne links. Das Pferd war nicht beschlagen und auffällig war die abenteuerliche Form der Hufe. Zehe zu lang, fast keine Trachten mehr, keine Strahlfurche, kein Tragrand. Das Pferd lief auf der kompletten Sohle, die allerdings sehr dünn und druckschmerzhaft war. Eine erfolgreiche Behandlung der Arthrose – egal mit welchen Methoden – ist mit derartigen Hufen von vorneherein zum Scheitern verurteilt. Das Rezidiv nach der erfolgreichen Stoßwellenbehandlung war also vorprogrammiert.

Therapievorgehen

Zu Zeiten meines Lehrtierarztes, als die Veterinäre noch eine Autorität und nicht Angehörige des Dienstleistungsgewerbes waren, hätten die Besitzer eine äußerst massive Standpauke kassiert. Zur großen, an Ärgernis grenzenden Verwunderung der Besitzer lehnte ich die Behandlung ab und empfahl einen guten Schmied. Solange sollte der Patient nur auf weichem Boden geführt werden. Falls die Besitzer dann immer noch meine Hilfe in Anspruch nehmen wollten, sollten sie sich eine Woche nach dem Beschlagtermin wieder bei mir melden.

Wider Erwarten konsultierte mich die Familie dann doch wieder. Der Schmied hatte freundlicherweise die Standpauke gehalten, die ich mir verkniffen hatte. Die Lahmheitsuntersuchung zeigte plötzlich ein anderes Bild. Vorne links bestand keine Lahmheit mehr, vorne rechts stellte ich noch eine leichte Lahmheit und eine leichte Schwellung im Bereich des Fesselgelenks fest. Die Beugeproben ergaben vorne links keinen Befund, vorne rechts einen positiven Befund im Fesselgelenk. Ein erneutes Röntgen lehnten die Besitzer ab, da ihrer Meinung nach meine Diagnose ja eindeutig sei.

Angewendete Drogen

Ich verordnete eine Einreibung des Fesselgelenks mit durchblutungsfördernden Mitteln und stellte eine Drogenmischung aus folgenden Kräutern zusammen.

Droge	Wirkung
Salicis cortex	Antipyretisch, analgetisch, antiphlogistisch
Urticae folium	Antiarthritisch, antiphlogistisch
Meliloti herba	Antiphlogistisch, antiexudativ, antiödematös

Leider war der Patient wohlgenährt („übergewichtig") und hatte überhaupt keine Lust die Drogenmischung zu fressen. Daraufhin habe ich jegliche Gabe von Kraftfutter und Leckerli verboten. Der Mischung setzte ich noch Liquiritiae radix als Geschmacksverbesserer hinzu. Nach vier Fastentagen wurde die neue Mischung mit einer kleinen Portion eingeweichtem Hafer verabreicht. Diesmal bereitete die Aufnahme keine Probleme mehr. Ob es der Hunger, der Hafer oder die Süßholzwurzel waren, kann ich nicht sagen. Nach 3 Wochen lief das Pferd lahmheitsfrei. Ich verfasste für den Patienten ein Aufbauprogramm, das die Familie strikt einhielt. Geritten wurde der Rekonvaleszent in dieser Zeit nur von einer einzigen Person. Nach dem Aufbauprogramm und 100 kg Lebendmasse weniger diente der Wallach wieder als Familienpferd.

Der vorliegende Fall zeigt wieder einmal, wie wichtig der Hufbeschlag und eine anatomisch korrekte Stellung der Gliedmaßen sind. Viele Lahmheiten würden gar nicht erst entstehen, wenn mehr Wert auf einen professionellen Hufbeschlag und eine optimal durchgeführte Hufpflege gelegt würde. Ohne diese Voraussetzungen sind Behandlungen – egal ob schulmedizinisch oder ganzheitlich – von Lahmheiten immer problematisch und führen oft nicht zum gewünschten Erfolg.

Hufrehe

Anamnese

Vorgestellt wurde ein 8-jähriger, sehr korpulenter, barfuß gehender Haflingerwallach. Auf beiden Vordergliedmaßen ging er hochgradig lahm. Symptomatik und Untersuchung ergaben den eindeutigen Befund einer Hufrehe.

Untersuchungsbefund

Laut Anamnese war es der vierte Anfall innerhalb des letzten Jahres. Um eine stoffwechselbedingte Ursache auszuschließen, hatte die schulmedizinisch arbeitende Kollegin jedes Mal Blut abgenommen und untersuchen lassen. Bis auf etwas erhöhte Leberwerte waren aber keine Entgleisungen des Stoffwechsels feststellbar. Die Ursache der Hufrehe konnte also nicht ermittelt werden. Da das Pferd ziemlich adipös (auf Deutsch, einfach viel zu fett) war, könnte die Ursache ein zu hohes Futterangebot gewesen sein. Warum die Blutbefunde trotzdem kein eindeutiges Ergebnis erbrachten, wird wohl ein Rätsel bleiben. Eine erneute Blutuntersuchung lehnten die Besitzer ab.

Therapievorgehen

Obwohl es nicht den neuesten wissenschaftlichen Erkenntnissen entspricht, setzte ich den Patienten zuerst einmal auf Diät, kein Kraftfutter, kein altes Brot, keine Karotten, keine Äpfel, keine Bananen. Nur Heu, und das rationiert, im engmaschigen Heunetz. Im Offenstall tiefe, trockene Einstreu, damit der Patient nur auf weichem Untergrund stehen konnte. Um den Schmerz zu lindern griff ich zur Akupunktur und führte am Punkt 3E1 einen Mikroaderlass durch. Das austretende Sekret war wässrig-blutig. Nach der Behandlung konnte das Pferd viel besser laufen. Normalerweise werden bei einer Hufrehe die Hufe gekühlt. Dazu stellt man den Huf in einen Eimer mit Eiswasser. Diese Prozedur verweigerte der Wallach jedoch vehement, da seine Erziehung suboptimal war. Die

Besitzer füllten Plastikbeutel mit Eiswürfeln und legten diese auf die Hufe. Der Erfolg war eher mäßig.

Angewendete Drogen

Droge	Wirkung
Salicis cortex	Antipyretisch, analgetisch, antiphlogistisch
Meliloti herba	Antiphlogistisch, antiexsudativ, antiödematös
Urticae folium	Antiphlogistisch
Ginkgo folium	Fördert Durchblutung

Die Drogenmischung sollte mit einer Handvoll angefeuchtetem Müsli verabreicht werden. Der verwöhnte Wallach verweigerte jedoch die Aufnahme meiner Drogenmischung. Nach 4 Tagen ließ ich die Kräuter in Apfelmus einrühren und diese Mischung hat ihm offenbar geschmeckt. Eine weitere Akupunkturbehandlung lehnte der Wallach vehement ab. Aus Sicherheitsgründen gewährte ich dem Patienten seinen Willen. Das Pferd erholte sich erstaunlich schnell und nach 12 Tagen war fast keine Pulsation mehr zu fühlen. Der Patient bekam dann noch eine Woche lang die Drogenmischung ohne die Weidenrinde. Eine schmerzlindernde Komponente wurde jetzt nicht mehr gebraucht. Nach dieser Woche lief er lahmheitsfrei. Daraufhin bekam der Haflinger einen orthopädischen Beschlag. Auf meinen eindringlichen Rat hin gestalteten die Besitzer die Fütterung etwas pferdegerechter. Ein Rezidiv trat danach nicht mehr auf.

23 Resümee

Die vorliegenden Fälle zeigen, dass gerade chronische oder schulmedizinisch austherapierte Fälle mit ganzheitlicher Medizin meist noch erfolgversprechend behandelt werden können. Die Phytotherapie ist ein Teil dieser ganzheitlichen Medizin. Es wäre vermessen jetzt zu behaupten, man könne alles mit Kräutern behandeln, denn der Herrgott – oder wer sonst auch immer – hat ja gegen jede Krankheit ein Kraut wachsen lassen. In meiner langen Fortbildungszeit waren mir diejenigen Referenten immer sehr suspekt, die ihre Therapieform als die eine allein seligmachende Behandlungsform angepriesen hatten. Es gibt keine Therapie, die alle Krankheiten gleichermaßen mit Erfolg behandeln kann. Der Vorteil der ganzheitlichen Medizin besteht darin, dass wir je nach Krankheitsbild die passende Therapie aussuchen können. Das kann sowohl die Schulmedizin sein als auch die alternative Medizin. Das eine schließt das andere nicht aus und oft ist eine Kombination sinnvoll und erfolgversprechend. Richtig angewendet leistet die Phytotherapie als Ergänzung zu anderen Therapieformen allerdings hervorragende Dienste.

> „Oh glücklich, wer sich schätzen kann,
> aus dem Meer des Irrtums aufzutauchen.
> Was man nicht weiß, das eben bräuchte man,
> und was man weiß, kann man nicht brauchen."
> *Johann Wolfgang von Goethe, Faust*

Lassen Sie mich enden mit diesem Zitat aus Goethes Faust. Sie haben sich jetzt durch eine Fülle von Informationen durchgearbeitet. Ich hoffe, Sie können das jetzt erworbene Wissen in die Praxis umsetzen und Ihren Patienten oder dem eigenen Vierbeiner helfen.

Teil 4
Indikationen

Atemwege

Fieberhafte Pneumonie

Bewährte Phytotherapeutika

- Anisi fructus/Anisfrüchte
- Foeniculi amari fructus/Fenchelfrüchte
- Hederae folium/Efeublätter
- Liquiritiae radix/Süßholzwurzel
- Marrubii herba/Andornkraut
- Sambuci flos/Holunderblüten
- Thymi herba/Thymiankraut
- Tiliae flos/Lindenblüte
- Tropaeoli herba/Kapuzinerkressekraut

Feuchter, Schleim produzierender Husten

Bewährte Phytotherapeutika

- Anisi fructus/Anisfrüchte
- Foeniculi amari fructus/Fenchelfrüchte
- Hederae folium/Efeublätter
- Marrubii herba/Andornkraut
- Sambuci flos/Holunderblüten
- Thymi herba/Thymiankraut
- Tiliae flos/Lindenblüten

Trockener bzw. allergischer Husten

Bewährte Phytotherapeutika

- Althaeae radix/Eibischwurzel
- Lichen islandicus/Islandmoos
- Liquiritiae radix/Süßholzwurzel
- Plantaginis lanceolatae herba/Spitzwegerichkraut
- Verbasci flos/Königskerzenblüten

Sinusitis

Bewährte Phytotherapeutika

- Sambuci flos/Holunderblüten
- Thymi herba/Thymiankraut
- Tiliae flos/Lindenblüten
- Tropaeoli herba/Kapuzinerkressekraut

Verdauungstrakt

Kolik, subklinisch und Nachbehandlung, allgemeine Störungen

Bewährte Phytotherapeutika

- Artemisiae herba/Beifußkraut
- Cinnamomi cortex/Zimtrinde
- Frangulae cortex/Faulbaumrinde
- Gentianae radix/Enzianwurzel
- Matricariae flos/Kamillenblüten
- Melissae folium/Melissenblätter
- Menthae piperitae folium/Pfefferminzblätter
- Millefolii herba/Schafgarbenkraut
- Sennae folium/Sennesblätter
- Taraxaci radix cum herba/Löwenzahnwurzel mit Kraut

Magengeschwür

Bewährte Phytotherapeutika

- Althaeae radix/Eibischwurzel
- Curcumae longae rhizoma/Gelbwurzelstock
- Liquiritiae radix/Süßholzwurzel
- Matricariae flos/Kamillenblüten
- Millefolii herba/Schafgarbenkraut
- Quercus cortex/Eichenrinde
- Rhei radix/Rhabarberwurzel
- Tormentillae rhizoma/Tormentillwurzelstock

Kotwasser, Diarrhö

Bewährte Phytotherapeutika

- Anserinae herba/Gänsefingerkraut
- Cinnamomi cortex/Zimtrinde
- Liquiritiae radix/Süßholzwurzel
- Melissae folium/Melissenblätter
- Quercus cortex/Eichenrinde
- Rubi fruticosi folium/Brombeerblätter
- Tormentillae rhizoma/Tormentillwurzelstock

Lebererkrankungen

Bewährte Phytotherapeutika

- Silybi mariani fructus/Mariendistelfrüchte
- Cynarae folium/Artischockenblätter
- Millefolii herba/Schafgarbenkraut
- Sennae folium/Sennesblätter
- Taraxaci radix cum herba/Löwenzahnwurzel mit Kraut

Harntrakt

Bewährte Phytotherapeutika

- Apii fructus/Selleriesamen
- Betulae folium/Birkenblätter
- Cinnamomi cortex/Zimtrinde
- Populi cortex/Pappelrinde
- Sambuci flos/Holunderblüten
- Taraxaci radix cum herba/Löwenzahnwurzel mit Kraut
- Tropaeoli herba/Kapuzinerkressekraut
- Urticae folium/Brennnesselblätter

Lahmheiten

Hufrehe

Bewährte Phytotherapeutika

- Apii fructus/Selleriesamen
- Ginkgo folium/Ginkgoblätter
- Meliloti herba/Steinkleekraut
- Populi cortex/Pappelrinde
- Salicis cortex/Weidenrinde
- Urticae folium/Brennnesselblätter
- Harpagophyti radix/Teufelskrallenwurzel

Hufrolle

Bewährte Phytotherapeutika

- Harpagophyti radix/Teufelskrallenwurzel
- Populi cortex/Pappelrinde
- Salicis cortex/Weidenrinde
- Urticae folium/Brennnesselblätter

Sehnenschäden

Bewährte Phytotherapeutika

- Meliloti herba/Steinkleekraut
- Populi cortex/Pappelrinde
- Salicis cortex/Weidenrinde
- Symphiti radix/Beinwellwurzel
- Urticae folium/Brennnesselblätter

Gelenkschäden

Bewährte Phytotherapeutika

- Apii fructus/Selleriesamen
- Harpagophyti radix/Teufelskrallenwurzel
- Meliloti herba/Steinkleekraut
- Salicis cortex/Weidenrinde
- Symphiti radix/Beinwellwurzel
- Urticae folium/Brennnesselblätter

Hautprobleme

Bewährte Phytotherapeutika

- Juglandis folium/Walnussblätter
- Plantaginis lanceolatae herba/Spitzwegerichkraut
- Rubi fruticosi folium/Brombeerblätter
- Salviae officinalis folium/Salbeiblätter
- Tormentillae rhizoma/Tormentillwurzelstock
- Tropaeoli herba/Kapuzinerkressekraut

Teil 5
Glossar

Fachbegriffe und ihre Bedeutung

Begriff	Bedeutung
Ad libitum	Nach Belieben, nach Bedarf
Adstringierend	Zusammenziehend
Alveolen	Kleine Lungenbläschen
Analgetisch	Gegen Schmerzen
Anamnese	Erheben der Krankheitsgeschichte
Antiarthritisch	Wirkt gegen Arthritis
Antibakteriell	Wirkt gegen Bakterien
Antiemetisch	Wirkt gegen Erbrechen
Antihydrotisch	Wirkt gegen Schweißabsonderung
Antimikrobiell	Tötet, hemmt, oder reduziert Mikroorganismen
Antiphlogistisch	Entzündungshemmend
Antipyretisch	Fiebersenkend
Antiseptisch	Reduziert die Anzahl der Keime auf Oberflächen
Antiviral	Wirkt gegen Viren
Aphrodisiakum	Wirkt zur Steigerung des Geschlechtstriebs
Aquaretikum	Vermehrt den Harnfluss ohne erheblichen Elektrolytverlust
Arachidonsäure-kaskade	Setzt entzündliche Prozesse im Körper in Gang
Auskultation	Abhören mit Stethoskop
Cholagog	Wirkt galletreibend
Choleretisch	Regt Gallenfluss an
COB	Chronisch-obstruktive Bronchitis

Begriff	Bedeutung
COX-Hemmer	Spezieller Entzündungshemmer
Demulgierend	Trennt verschiedene Substanzen auf
Diaphoretika	Schweißtreibende Mittel
Diarrhö	Durchfall
Dioskurides	Arzt im 1. Jahrhundert nach Christus
Diuretikum	Harntreibendes Mittel (Ausschwemmung)
Dyspeptische Beschwerden	Verdauungsbeschwerden
Enteritis	Darmentzündung
Enterohepatischer Kreislauf	Zirkulieren ausscheidungspflichtiger Substanzen zwischen Leber, Galle und Darm
Expektorierend	Auswurffördernd
Fungistatisch	Pilze hemmend
Fungizid	Pilze tötend
Gastrointestinale Spasmen	Darmkrämpfe
Herbivore	Pflanzenfresser bzw. Vegetarier
Hyperämisierend	Durchblutungsfördernd
Inotrop, positiv	Stärkt die Herzkraft
Intoxikation	Vergiftung
Karminativum	Wirkt gegen Blähungen
Kataplasma	Breiumschlag
Kontraktion	Zusammenziehung
Kutiviszeraler Reiz	Reflektorische Reaktion innerer Organe durch Reizung bestimmter Hautstellen
Laxanzien	Abführmittel

Begriff	Bedeutung
Meteorismus	Blähungen
Mikrozid	Wirkt gegen Mikroorganismen
Mucilaginosa	Schleimstoffe, die auf Schleimhäuten Schutzfilme bilden
Mukoziliäre Clearance	Selbstreinigungsmechanismus der Bronchien durch Erhöhung der Schlagfrequenz der Flimmerepithelien
Noxe	Schädigender Einfluss auf den Organismus
Peristaltik	Rhythmische Bewegungen der Darmmuskulatur
Perkussion	Untersuchung durch Abklopfen der Körperoberfläche
Perkussionshammer	Hämmerchen mit Gummispitze zur Perkussion
Pharmakokinetik	Wirkungen eines Arzneimittels im Körper
Plessimeter	Dünnes Stahlblättchen, auf das der Perkussionshammer schlägt
Purgativum	Stark wirkendes Abführmittel
RAO	Recurrent Airway Obstruction, moderner Ausdruck für COB
Roborans	Kräftigungsmittel
Sedativ	Beruhigend
Sekretolytikum	Verflüssigt zähen Schleim
Spasmolytikum	Krampflösendes Mittel
TCVM	Traditionelle Chinesische Veterinärmedizin
TEM	Traditionelle Europäische Medizin
Thrombophlebitis	Entzündung oberflächlicher Venen mit Vermehrung des Umfangs („Spritzenabszess")
Virostatisch	Hemmt die Vermehrung von Viren
Viruzid	Inaktiviert Viren
Zystitis	Blasenentzündung

Drogennamen Deutsch – Latein

Deutsch	Latein
Andornkraut	Marrubii herba
Anisfrüchte	Anisi fructus
Artischockenblätter	Cynarae folium
Beifußkraut	Artemisiae herba
Beinwellwurzel oder Blätter	Symphiti radix aut folium
Birkenblätter	Betulae folium
Brennnesselblätter	Urticae folium
Brombeerblätter	Rubi fruticosi folium
Curcumawurzel (Gelbwurzel)	Curcumae longae rhizoma
Efeublätter	Hederae helicis folium
Eibischwurzel	Althaeae radix
Eichenrinde	Quercus cortex
Enzianwurzel	Gentianae radix
Faulbaumrinde	Frangulae cortex
Fenchelfrüchte	Foeniculi amari fructus
Gänsefingerkraut	Anserinae herba
Ginkgoblätter	Ginkgo folium
Holunderblüten	Sambuci flos
Isländisches Moos	Lichen islandicus
Johanniskraut	Hyperici herba
Kamillenblüten	Matricariae flos
Kapuzinerkressenkraut	Tropaeoli herba

Deutsch	Latein
Königskerzenblüten	Verbasci flos
Leinsamen	Lini semen
Lindenblüten	Tiliae flos
Löwenzahnwurzel mit Kraut	Taraxaci radix cum herba
Mariendistelfrüchte	Silybi mariani fructus
Melissenkraut	Melissae folium
Pappelrinde	Populi cortex
Pfefferminzblätter	Menthae piperitae folium
Rhabarberwurzel	Rhei radix
Salbeiblätter	Salviae officinalis folium
Schafgarbenkraut	Millefolii herba
Selleriesamen	Apii fructus
Sennesblätter	Sennae folium
Spitzwegerichkraut	Plantaginis lanceolatae herba
Steinkleekraut	Meliloti herba
Süßholzwurzel	Liquiritiae radix
Teufelskrallenwurzel	Harpagophyti radix
Thymiankraut	Thymi herba
Tormentillwurzelstock (Blutwurz)	Tormentillae rhizoma
Walnussblätter	Juglandis folium
Weidenrinde	Salicis cortex
Weißdornblätter mit Blüten	Crataegi folium cum flore
Zimtrinde	Cinnamomi cortex

Drogennamen Latein – Deutsch

Latein	Deutsch
Althaeae radix	Eibischwurzel
Anisi fructus	Anisfrüchte
Anserinae herba	Gänsefingerkraut
Apii fructus	Selleriesamen
Artemisiae herba	Beifußkraut
Betulae folium	Birkenblätter
Cinnamomi cortex	Zimtrinde
Crataegi folium cum flore	Weißdornblätter mit Blüten
Curcumae longae rhizoma	Curcumawurzel (Gelbwurzel)
Cynarae folium	Artischockenblätter
Foeniculi amari fructus	Fenchelfrüchte, Bitterfenchel
Frangulae cortex	Faulbaumrinde
Gentianae radix	Enzianwurzel
Ginkgo folium	Ginkgoblätter
Harpagophyti radix	Teufelskrallenwurzel
Hederae helicis folium	Efeublätter
Hyperici herba	Johanniskraut
Juglandis folium	Walnussblätter
Lichen islandicus	Isländisches Moos
Lini semen	Leinsamen
Liquiritiae radix	Süßholzwurzel
Marrubii herba	Andornkraut

Latein	Deutsch
Matricariae flos	Kamillenblüten
Meliloti herba	Steinkleekraut
Melissae folium	Melissenkraut
Menthae piperitae folium	Pfefferminzblätter
Millefolii herba	Schafgarbenkraut
Plantaginis lanceolatae herba	Spitzwegerichkraut
Populi cortex	Pappelrinde
Quercus cortex	Eichenrinde
Rhei radix	Rhabarberwurzel
Rubi fruticosi folium	Brombeerblätter
Salicis cortex	Weidenrinde
Salviae officinalis folium	Salbeiblätter
Sambuci flos	Holunderblüten
Sennae folium	Sennesblätter
Silybi mariani fructus	Mariendistelfrüchte
Symphiti radix aut folium	Beinwellwurzel oder Blätter
Taraxaci radix cum herba	Löwenzahnwurzel mit Kraut
Thymi herba	Thymiankraut
Tiliae flos	Lindenblüten
Tormentillae rhizoma	Tormentillwurzelstock (Blutwurz)
Tropaeoli herba	Kapuzinerkressenkraut
Urticae folium	Brennnesselblätter
Verbasci flos	Königskerzenblüten

Literatur

Brendler T, Grünwald J, Jänicke C. Herbal Remedies – Heilpflanzen CD-ROM. Medpharm Scientific Publishers, Stuttgart 2003

Fintelmann V, Weiss RF, Kuchta K. Lehrbuch Phytotherapie. 13. Aufl., Haug, George Thieme Verlag, Stuttgart 2017

Gesellschaft für Phytotherapie e. V. www.phytotherapie.de

HMPC. Ausschuss für pflanzliche Arzneimittel. Committee on Herbal Medicinal Products (HMPC). www.ema.europa.eu/en/committees/committee-herbal-medicinal-products-hmpc

Magel H, Prinz W, van Luijk S. 180 westliche Kräuter in der Chinesischen Medizin. Behandlungsstrategien und Rezepturen. 2. Aufl., Georg Thieme Verlag, Stuttgart 2020

Schilcher H, Kammerer S, Wegener T. Leitfaden Phytotherapie. 5. Aufl., Urban & Fischer in Elsevier, München 2016

Tierra M. Westliche Heilkräuter in TCM und Ayurveda. Urban & Fischer in Elsevier, München 2001

Sachregister

Der Autor

Nach dem Abitur in Würzburg Offizier auf Zeit bei der Bundesmarine. Danach Studium der Veterinärmedizin in München. 1984 Approbation und Promotion. 1985 Übernahme einer Landtierarztpraxis. 1991 aufgrund schwerer Erkrankung Aufgabe der Nutztierpraxis und Wechsel in die Kleintierpraxis. Beginn der Ausbildung „Biologische Tiermedizin" und „Akupunktur". Nach vollständiger Gesundung 1993 Neuanfang der jetzt ganzheitlich ausgerichteten ambulanten Pferdepraxis. 1998 Zusatzbezeichnung „Biologische Tiermedizin" und „Akupunktur" und Eröffnung einer Naturheilklinik für Pferde. 2000 Weiterbildungsermächtigung für „Biologische Tiermedizin" und „Akupunktur". 2004 bis 2006 Ausbildung in Osteopathie beim „Institut des Medicines Alternatives et Osteopathie Veterinaire". 2017 Übergabe der Praxis an den Sohn. 2018 wohlverdienter Ruhestand.